现代灯饰创意设计

Modern Lighting Creative Design

何蕊 著

化学工业出版社

·北京·

本书以灯饰创意为主题，将理论知识与经典案例相结合，希冀用较为具象的形式来阐述灯饰创意思路和方法。全书共分八章，第一章为灯饰设计的概述，主要阐述灯饰设计的渊源，灯饰的概念、分类、功能、基本特征；第二章重点在灯饰设计的构思、创意方法，提出多个灯饰创意方法；第三章为灯饰的照明设计，论述灯饰设计照明方面的需求及照明创意；第四章强调造型设计美学法则和构成元素，提出灯饰造型创意思路；第五章解析不同材质灯饰的特点，提出灯饰材质创意思路；第六章分析灯饰色彩的设计方法，提出灯饰色彩创意方法；第七章对国内外经典灯饰案例剖析，对灯饰创意进行整合；第八章为部分学生优秀设计作品展示。

本书可作为高等院校产品设计、环境艺术设计专业及相关专业师生教学使用，也适合作为专业设计人员学习和参考用书。

图书在版编目（CIP）数据

现代灯饰创意设计 / 何蕊著 .—北京 : 化学工业出版社，2017.7（2023.8 重印）
ISBN 978-7-122-29770-9

Ⅰ . ①现… Ⅱ . ①何… Ⅲ . ①灯具 – 设计Ⅳ . ① TS956

中国版本图书馆 CIP 数据核字（2017）第 118186 号

责任编辑：李彦玲　　文字编辑：李　曦
责任校对：宋　夏　　装帧设计：史利平

出版发行：化学工业出版社（北京市东城区青年湖南街 13 号　邮政编码 100011）
印　　装：涿州市般润文化传播有限公司
787mm×1092mm　1/16　印张 8¾　字数 195 千字　2023 年 8 月北京第 1 版第 4 次印刷

购书咨询：010-64518888　　售后服务：010-64518899
网　　址：http://www.cip.com.cn
凡购买本书，如有缺损质量问题，本社销售中心负责调换。

定　　价：59.80 元　**版权所有　违者必究**

序言 Preface

灯具制作，从古至今，源远流长，它是人类物质文明的一个重要组成部分。我国灯具的制造历史可以追溯到春秋战国时期，古人在祭祀时，增加了“瓦豆”，也就是“登”的功能，成为最早的照明器具。中国灯具的发展在明清时期达到了辉煌，造型多样、用材考究、结构合理、做工精细，对世界灯具的发展起到一定的促进作用，在国际上享有极高的声誉。例如，用木、竹、陶瓷、玻璃、铜铁、金银等材料制作而成的宫灯、罩灯、灯笼、提灯、挂灯、把灯、走马灯等。纵观我国灯具发展历史，可以看出灯具是随着人类社会的文化、艺术、生活习惯的演变而来，随着人类社会科学技术的进步而发展。当然，灯具与其他装饰艺术一样，不同国家和民族，具有不同的特色风格，可以起到画龙点睛的作用。

灯具既是一种生活必需品（日用品），也是一种工艺美术品（装饰品），它是为了满足人们生活、工作、学习、娱乐的必不可少的一类器具，已经成为人类生活中的重要需求。如今，灯具选择已经从单纯提供照明光源演变为营造生活氛围、提高生活品位、增加欣赏价值的重要手段，同时灯饰也成为现代时尚和情感表达的重要载体以及家居生活中不可缺少的基本元素，是创造空间环境的魔术师。从灯具发展到灯饰，可以看出，灯饰既有提供照明的功能，也有美化环境的作用。它能自然地流露出不同时代的流行风格和时尚潮流。随着我国社会经济的迅速发展，人们的生活水平和生活方式发生了翻天覆地的变化，对灯饰的功能、造型、材料、结构、工艺等方面提出了越来越高的要求，不仅要求灯饰能够实用，而且要求灯饰的造型设计美观大方、材料选用正确恰当、结构设计科学合理、工艺设计切实可行、使用环境安全可靠、维护保养简单方便。

灯饰设计是一项既有创造性又有限制性的工作，在现代灯饰创意设计时，必须考虑各个环节的方法论、科学性、合理性和安全性。灯饰设计是一项系统工程，从这本书中，读者将了解到作者提出的系统思维方式，其中包括：灯饰的功能设计、灯饰的照明设计、灯饰的造型设计、灯饰的材质设计、灯饰的色彩设计等，开始踏上一段富有吸引力的学习旅程。

这本书的作者结合多年来从事产品设计和环境设计专业的教学工作经验、生产实践经验和科学研究成果，经过反复整理、归纳、修改、补充、完善，完成此书的编著。在撰写过程中，作者广泛地收集了国内外最新的相关资料和信息，查阅了国内外大量的相关著作和论文，参考和借鉴了许多的图表资料，力求准确地反映灯饰设计的基础理论知识和最新前沿动态，以“讲清概念、强化应用”为目的，浓缩理论知识，注重应用实践，使枯燥的理论学习变得轻松易懂，利于激发读者的学习兴趣。

徐钊
全国高等学校建筑学科专业指导委员会建筑美术教学工作委员会委员
中国建筑学会建筑师分会建筑美术专业委员会委员
中国室内装饰协会会员
2017年3月

前言 Foreword

光以各种方式介入人们的生活，并深深地影响着人们的精神世界，灯饰在室内外环境中扮演着非常重要的角色。但是在中国，灯饰设计是一个年轻的行业，目前还依附在室内设计和产品设计中，没有单独分离出来成为一门独立的学科，影响了人们对它的重要性和功能性的深入研究。随着设计行业的全面发展，灯饰设计已不再是事后补遗的工作，而是已经同样式、色彩、质地等因素一起，成为室内外环境设计中要通盘考虑的基本要素。在一些发达国家，灯饰设计已经由专门的设计师量身打造，并且这种方式将成为今后室内外环境设计的一个发展方向。当灯饰被设计师们更好地利用并展现其魅力时，人们的生活空间将会创造得更加美好。

随着艺术设计科学理论的逐步发展与完善，灯饰设计日益走向综合化和多元化，在此背景下，只有运用独特的思维形式进行不断创新才能赋予灯饰设计作品更强大的生命力。创意是现代灯饰的核心，它能够通过不同角度的思维方式更完美且有效地创造出更多独特灯饰。

本书围绕灯饰创意方法展开论述，解析了不同角度灯饰创意思路和方法，结合大量的灯饰案例分析，旨在加深大众对灯饰的认识和为灯饰创作提供更多的灵感。书中列举了大量的灯饰创意图片，使内容更为直观、丰富，充分体现了视觉语言的强大力量。

本书在撰写过程中，参考和借鉴了一些知名设计师的设计作品，在此向他们表示深深的感谢。由于作者的学术水平和掌握的资料有限，书中难免会有所疏漏，真诚地希望得到各位读者和专家的批评指正，以待进一步修改，使之更加完善。

何蕊

2017 年 5 月

目录 contents

第一章 灯饰设计概述

第一节 灯饰设计的渊源 / 001

一、灯饰发展史 / 001
二、现代灯饰发展 / 005

第二节 灯饰的概念与分类 / 009

一、灯饰的概念 / 009
二、灯饰的分类 / 009
三、灯饰设计及其重要性 / 018

第三节 灯饰的功能与基本特征 / 019

一、灯饰的功能 / 019
二、灯饰功能的发展趋势 / 020
三、灯饰的基本特征 / 020

第四节 灯饰设计的构成要素 / 021

第二章 灯饰设计的构思方法

第一节 灯饰设计的构思 / 022

一、构思角度 / 022
二、构思方法 / 025

第二节 灯饰创意设计方法 / 026

一、功能挖掘法 / 026
二、情感法 / 026
三、仿生法 / 027
四、同构法 / 028
五、材料法 / 028
六、地域特色法 / 029
七、极简化法 / 030
八、动态法 / 030
九、光影利用法 / 031
十、旧物改造法 / 032
十一、编织法 / 032
十二、绿植装饰法 / 033

第三节 灯饰设计程序 / 033

一、市场调查与分析 / 033
二、构思创意 / 034
三、完成方案设计 / 034

第三章　灯饰的照明设计

第一节　灯饰光源　/ 035

一、光源的分类　/ 035

二、光源的选择　/ 036

第二节　灯饰照明质量　/ 037

一、照度　/ 037

二、亮度　/ 037

三、立体感的表现　/ 038

四、眩光　/ 038

五、显色性　/ 038

第三节　不同环境的灯饰照明需求　/ 038

一、明确照明设施的目的与用途　/ 038

二、光环境构思及光通量分布的初步确定　/ 038

三、照度的确定　/ 039

四、照明方式的确定　/ 039

第四节　灯饰设计的照明创意　/ 040

一、运用不同的光色　/ 040

二、光源和灯饰材料光色相符　/ 040

三、光照完美表现材料凹凸感　/ 040

四、发挥玻璃的透光性　/ 040

第五节　灯饰照明设计的发展趋势　/ 041

一、追求光源上的高效节能　/ 041

二、关爱老年人和儿童的灯饰与照明设计将进一步发展　/ 041

三、照明设计理论从理性走向感性　/ 041

四、智能化灯饰与照明设计将飞速发展　/ 042

第四章　灯饰的造型设计

第一节　灯饰造型设计的形式美学法则　/ 043

一、统一与变化　/ 043

二、比例与尺度　/ 044

三、对比与调和　/ 045

四、对称与均衡　/ 047

五、稳定与轻巧　/ 048

六、节奏与韵律　/ 051

七、过渡与呼应　/ 052

第二节　灯饰造型设计的构成要素　/ 054

一、灯饰设计中点的要素　/ 054

二、灯饰设计中线的要素　/ 054

三、灯饰设计中面的要素 / 055
四、灯饰设计中块的要素 / 056
五、灯饰设计中光影的构成要素 / 058

第三节 灯饰造型设计的创新思维方法 / 060

一、思维角度的多样化 / 060
二、思维模式的多样化 / 062

第四节 灯饰造型设计的发展趋势 / 066

一、自然形态艺术化 / 066
二、体现绿色环保与人文关怀 / 066
三、造型具有装饰化、趣味化特点 / 067
四、回归民族化，弘扬传统艺术 / 067

第五章 灯饰的材料设计

第一节 灯饰材料的感性分析 / 068

一、灯饰材料的美学特性 / 068
二、灯饰材料的感觉特性 / 073
三、灯饰材料的情感语义 / 075

第二节 灯饰材料的设计表现力 / 077

一、金属灯饰设计 / 077
二、塑料灯饰设计 / 079
三、玻璃灯饰设计 / 080
四、陶瓷灯饰设计 / 082
五、生态材料的灯饰设计 / 083
六、新材料的灯饰设计 / 087

第三节 灯饰设计的材料选择 / 087

一、选择原则 / 087
二、影响灯饰材料选择的基本因素 / 088
三、灯饰设计中绿色材料的选择准则 / 088

第四节 灯饰设计的材料创意 / 089

一、运用材料搭配塑造灯饰个性 / 089
二、利用光源照射凸显材料纹理 / 089
三、跨界使用材料，丰富的灯饰创意 / 090

第五节 灯饰材料设计的发展趋势 / 090

一、自然淳朴、返璞归真的自然材料 / 090
二、智能化、技术含量高的复合材料 / 090
三、晶莹剔透、富丽豪华的材料 / 090

第六章 灯饰的色彩设计

第一节 灯饰色彩的内涵 / 091

一、灯饰色彩知识 / 091
二、色彩在灯饰中的表达 / 095

第二节　灯饰色彩的设计方法　/ 098

一、灯饰色彩的配色　/ 098
二、灯饰色彩素材　/ 101
三、灯饰色彩设计应遵循的原则　/ 102
四、灯饰色彩设计应重点考虑的问题　/ 103

第三节　灯饰色彩创意　/ 105

一、文化性创意　/ 105
二、地域性创意　/ 106
三、情感性创意　/ 108
四、流行性创意　/ 109
五、风格性创意　/ 110

第七章　灯饰设计案例欣赏

第一节　致敬经典　/ 111

一、盖勒艺术灯饰　/ 111
二、PH 灯　/ 111
三、月球吊灯　/ 112
四、VP 球形吊灯　/ 113
五、MT8 镀铬钢管台灯　/ 114
六、the Arco Lamp（艾科落地灯）　/ 114
七、Tizio 台灯　/ 115
八、月食台灯　/ 115

第二节　研习精品　/ 116

一、“衡”系列台灯　/ 116
二、Veli 灯　/ 116
三、“旋”吊灯　/ 117
四、曲灯　/ 118
五、Marina's Bird 小鸟灯　/ 118
六、三宅一生（Issey Miyake）In-ei 灯　/ 118
七、重生灯　/ 119
八、Woven Glass 玻璃纤维织物吊灯　/ 119
九、Foscarini 玻璃灯饰　/ 119
十、Plafonnier Birdie's Nest 灯饰　/ 120
十一、Wire Flow 系列灯　/ 120
十二、“空中花园”吊灯　/ 121

第三节　主题欣赏　/ 121

一、蒲公英系列　/ 121
二、蜂巢系列　/ 123

第八章　灯饰设计实训练习

实训一：认识光源——灯泡的创意设计　/ 124
实训二：材质表达——生态材质灯饰设计　/ 125
实训三：造型表达——植物造型灯饰创作　/ 128
实训四：色彩表达——灯饰的配色创作　/ 129

参考文献　/ 130

1 第一章

灯饰设计概述

灯饰在室内、外环境中扮演着非常重要的角色，对一个具体的空间来说，灯饰艺术不仅能真实地反映出建筑物的形体结构及透视空间，同时可以给环境带来绝妙的视觉艺术效果。无论是灯饰外在形态，还是灯光本身的色彩都能影响环境设计的整体效果，合理的灯饰搭配会让环境的整体风格更协调，起到画龙点睛的作用。

第一节　灯饰设计的渊源

一、灯饰发展史

1. 中国古代灯饰发展

灯，繁体字写作“燈”，本写作“镫”。本义为置烛用以照明的器具。“镫”从古代最初当作“盛熟食的器具”，到转化为照明器具的称呼经历了一个漫长的过程。

豆，形似高足盘，有的有盖，出现于新石器时代晚期，盛行于商周，多陶制，也有青铜制、竹制或木制涂漆的。最初是普通的食器，后来用作祭祀的礼器。约在春秋战国时期，人们在祭祀时，增加了“瓦豆”，也就是“登”的功能，成为照明的器具，并且沿用原来的称呼“登”。于是，中国最早的灯诞生了。图 1-1 是江苏省金坛市三星村新石器时代遗址陶豆。

战国时期是我国古代灯饰产生和发展的起步时期，20 世纪 70 年代之后，陆续出土了战国时期的陶制灯和铜灯。这些出土的造型精美较为成熟的灯具，人们已经开始注重灯饰实用与审美结合的功能转化。战国时期的灯饰对之前灯饰的产生起到了发展继承的作用，又对其后汉代灯饰的发展奠定了坚实的基础。图 1-2 中战国勾连云纹玉灯，由三块玉雕琢成盘、柄、座，结合为一器。圆盘，浅腹，中心凸起五瓣团花柱。图 1-3 中战国人形铜灯是战国时期青铜灯最具代表性的器物。

▲ 图 1-1

▲ 图 1-2

▲ 图 1-3

秦代的青铜制造业十分盛行，因而青铜灯饰的制造也十分流行，但目前秦代灯饰出土量极少。出土实物中具有代表性的是， 1966 年在陕西省咸阳塔儿坡出土的两件相同的雁足灯，见图 1-4 所示。

两汉时期灯饰繁荣发展，油灯是这一时期灯饰的主要形式，也是使用时间最长、范围最广的。两汉时期盛行丧葬观念，“视死如生、视亡如存”，把作为日常使用的灯具当做随葬品。因而这段时期的灯饰种类齐全、数量繁多、质量精致，与前期比有较大的发展。陶制灯饰进入了迅猛发展的阶段，使用已相当普遍。铜质灯饰也继续盛行，多为官营，且铜灯上的铭文“中尚方造”“少府造”正说明了当时官营的规模。其中最著名的是“长信宫灯”。汉代的铜灯做到了科学性与艺术性的统一，集实用性与观赏性于一身，并解决了消烟、除尘等环境污染问题。这一时期冶铁技术成熟，产生了铁质灯饰。从功用上看，为了人们夜间出行不便、室内光线差等等问题，在原有的座灯外，又出现了行灯和吊灯。行灯可以手持，方便携带，吊灯可悬挂在高处，增加一定的照明范围。如图 1-5 所示的西汉长信宫灯和图 1-6 所示的朱雀铜灯极具代表性。

魏晋南北朝时期，灯饰逐渐成为祭祀和喜庆等活动不可缺少的必备用品。青铜灯饰走向末端，陶瓷灯饰尤其是瓷灯已成为灯饰中的主体。汉代始见的石灯，随着石雕工艺的发展也开始流行。另外，已出土的石灯中发现了铁质、玉质灯饰和木质烛台。由于材质改变，这一时期灯饰在造型上发生了较大变化，盏座分离，盏中无烛扦已成为灯饰最基本的形制。与两汉时相比，魏晋南北朝时期用作照明所用的燃料发生了重大变化，瓷油灯的造型也有所简化，灯体造型趋于小巧。南北方青瓷灯饰在装饰风格上形成鲜明对比，北方瓷灯胎体较厚、造型粗犷，但装饰繁复；南方瓷灯制作精巧、纤细，

▲ 图 1-4

▲ 图 1-5

▲ 图 1-6

▲ 图 1-7

▲ 图 1-8

装饰清雅。这一时期的代表作有南京清凉山吴墓出土的三国青瓷熊灯，如图 1-7 所示；浙江瑞安出土的东晋青瓷牛形灯，如图 1-8 所示。

隋唐是封建社会达到鼎盛时期，在灯饰方面则以大量实用型灯饰为主，同时也出现了集照明和装饰于一体的彩灯，在宫廷中使用的彩灯称为宫灯。从此，实用灯饰和宫廷灯饰在我国开始并行发展。其中以陶瓷灯饰为主，还有石灯、木灯、金属灯具。这一时期，灯饰发展已经趋向世俗化。在唐宋两代，绘画，特别是壁画中，常见有侍女捧烛台或烛台正点燃蜡烛的场面。图 1-9 为唐朝的白瓷灯。

宋元时期，各种装饰技法（刻花、剔花、镂空、绘画等）被广泛运用到家具灯饰的装饰中（图 1-10）。

宋代红陶狮子灯，多种工艺的运用使得灯饰的狮子基座神态唯妙唯肖。

明清时期，中国灯饰发展达到了辉煌时期，这个时期表现为种类和材质的多样性。花式繁多的宫廷用灯极大促进了中国灯饰的发展，材料上除了原来的石、玉、木材和金属外，新材料珐琅和玻璃等也被应用到灯饰中，见图 1-11、图 1-12 所示。

2. 外国古代灯饰发展

西方油灯的历史与生活在以色列和黎巴嫩地区的腓尼基人有着密切的联系。公元前 3500 年，美索不达米亚南部城市乌鲁克非常繁荣。但它周围绝大部分地区是沙漠，珍贵的木材、稀有的矿石、稀有的金属和许多东西都不得不依赖进口。于是，在伊朗和叙利亚建立了许多

▲ 图 1-9

▲ 图 1-10

▲ 图 1-11

▲ 图 1-12

▲ 图 1-13

专门从事这种贸易的移民城市。亚述人占领了地中海东部地区，使得腓尼基人不得不深入地中海地区腹地开辟新市场。在公元前 9 世纪，他们在地中海沿线建立了许多港口，在成片的新兴殖民城市中，腓尼基样式的油灯制造和使用都得到了极大扩展。

5000 年前，早期油灯，绝大部分是陶制的碟形器，类似贝壳。整齐的圆形边界是陶器轮制的明显标志，并且显示出当时油灯已经可以大规模制造。后来腓尼基人改进了他们的传统碟形油灯，通过折叠灯具边沿形成灯嘴来支撑灯芯。由于灯嘴越多，光照越亮，通过折叠以获得两个或是三个灯嘴的油灯也相继出现。随着科学技术的发展，陶制油灯虽然逐步被模具制油灯所取代，但由于它们更易制造，所以在后期的中世纪依然发现陶制油灯的使用。

古希腊时期，油灯的主要制作中心阿提卡地区，工匠们用轮制方法制造油灯灯体，再精确安装灯嘴和把手，并且在灯体外施以黑色或棕色的釉面，使表面光洁。当油灯在陶作里生产好后，沿地中海沿线输出到很多地方，复制油灯的工作也在那里开展起来。公元前 6 世纪，希腊制造出一种长嘴油灯，它可以通过调节灯嘴里灯芯的位置来控制灯火大小，并可以保证燃烧中的灯芯不会落入灯体内。如图 1-13 所示为希腊油灯。

公元前 2 世纪，模制灯饰代替了轮制灯饰，并成为标准工艺。模具分上模和下模两块，由石膏制成。粘土被贴在模具的空腔里，当两块模具合在一起时，灯体就成形了。灯体上再打出用来注入灯油和放置灯芯的小孔。模具制造简化了制灯工艺，这也使得对油灯进行装饰和制造大型油灯成为可能。对油灯进行装饰有时将事先用粘土制成的人形或是动物形贴到灯体上，有时将徽标刻在灯体上，再放入窑炉里进行烧制。绝大多数油灯是不施釉的，但也有少数高档油灯会施以绿色或是蓝色的釉。模制油灯的趋势一直持续到罗马时期，成为那时的主流灯饰。如图 1-14 所示为古罗马油灯。

▲ 图 1-14

二、现代灯饰发展

自从1879年托马斯·爱迪生（Thomas Ediosn）发明白炽灯以后，很快就取代了过去的光源，电灯的发明引发了一系列丰富多彩的灯饰设计。从19世纪到现在，现代居室灯饰设计经历了早期探索(19世纪80年代~20世纪初期)、初期发展(20世纪初期~20世纪40年代)、高度发展(20世纪40年代~20世纪60年代)、多元化设计(20世纪60年代~至今)四个发展阶段。在这一发展历史过程中，灯饰设计受到了各种设计风格、技术、环境诸多因素的深刻影响。

1. 早期探索

“工艺美术”运动是源于英国19世纪下半叶的一场设计运动，开始于1864年左右。工艺美术运动对于工业设计改革的贡献是重要的，且首次提出了“美与技术结合”的原则，反对纯艺术；装饰上推崇自然主义；同时它强调设计忠于材料和适合使用的目的，从而创造出了一些朴素而实用的作品。这些观念对于灯饰设计的发展起到了开辟先河的作用。

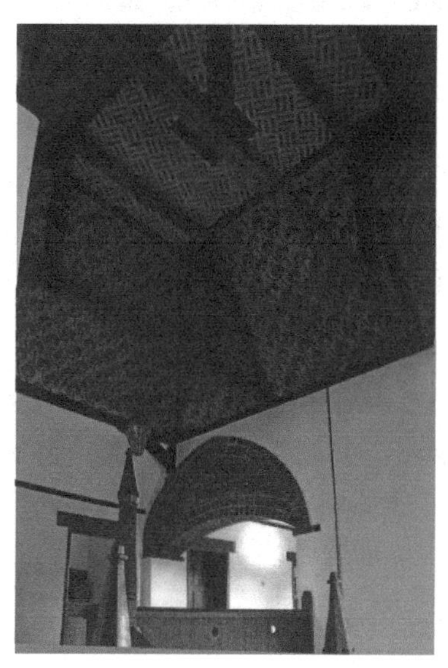
◀ 图1-15

▲ 图1-16

威廉·莫里斯(William Morris)和飞利浦·韦柏(Philip Webb)设计了突出材料之美的“红屋”，莫里斯专门为其设计的灯具具有典型的“工艺美术”运动风格，强调体态简洁、线条清晰，主题来于大自然，艺术趣味中夹杂着对中世纪的怀古和对东方异域的追念如图1-15所示。工艺美术运动在美国也有一定的影响，格林兄弟(Green&Green)“根堡”住宅设计的灯饰（见图1-16）也受到了工艺美术运动的影响，台灯造型简洁，锥形灯罩采用金属骨架和半透明的覆面材料，含蓄清新，底部圆弧过渡的花瓶造型给人稳定和怀旧之感。

“新艺术”运动是19世纪末、20世纪初发生在欧洲和美国的一次影响面相当大的“装饰艺术”运动。“新艺术”运动放弃了任何一种传统装饰风格，完全走向自然风格，装饰上强调自然曲线，有机的自然形态，在“新艺术”运动设计思想的影响下，室内的家具设计以及家庭用品，具有明显的“新艺术”风格的特征。

法国设计师艾米尔·盖勒(Emile Galle)的设计中采用了大量的植物的缠枝花卉，摆脱了简单的几何造型，灯座、灯罩都是如此地注重装饰的细节，作品可以视为雕塑式的艺术品，如图1-17所示。而美国新艺术风格的灯具以蒂

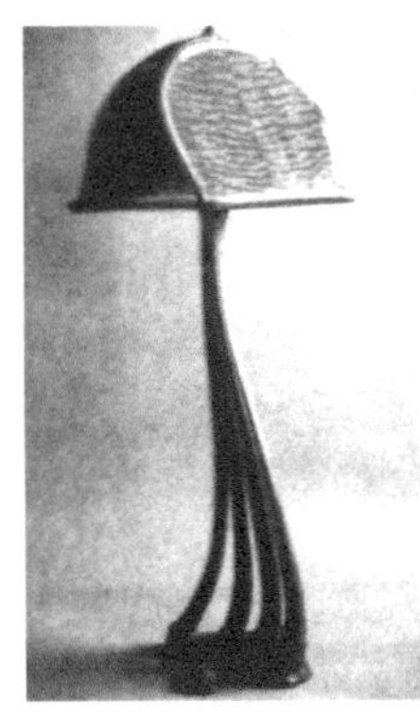

▲ 图 1-17

▲ 图 1-18

▲ 图 1-20

夫尼 (Louis Comfort Tiffany) 的玻璃灯具为代表，他提出要把工业生产方式和艺术表现方式结合起来，把欧洲传统建筑的彩绘玻璃用于日用产品设计，使原本用于教堂的建筑材料成为颇具世俗生活情趣的产品。同时蒂夫尼把新艺术的植物花卉图案和曲线直接用于造型上，呈现出与欧洲大陆不同的特色，如图 1-18 所示。

“新艺术”运动的一个重要的发展分支：麦金托什 (Charles R. Mackintosh) 与“格拉斯哥四人 (Glasgow Four)”，具有离开“新艺术”风格，走向现代主义的萌芽特征，在一定程度上为灯饰设计向现代主义发展奠定了基础。

麦金托什主张直线，简单的几何造型，讲究黑白等中性色彩计划。他为格拉斯哥艺术学校图书馆设计的灯饰（见图 1-19）和杨柳茶室设计的系列灯饰（见图 1-20），采用大量的纵横直线条、简单几何形体、黑白色彩，为灯具的现代主义形式的发展埋下了伏笔。

2. 初期发展

两次世界大战之间的这段时间，是设计史上现代主义蓬勃兴起和发展的年代。基于荷兰风格派和俄罗斯构成主义的影响，德国

▲ 图 1-19

出现了一所在现代设计史上具有深远影响意义的教学机构——包豪斯（Bauhaus）。它不仅是一个为机械化生产设计道路的教学机构，同时也是以其一系列的实践活动成为现代设计运动的中心，机构培养了一批思想超前并对社会需要非常敏感的设计大师。他们以自己不同的理解和设计手段进行了具有划时代意义的创造活动，对同时代及后世的设计师有着决定性的启发作用。

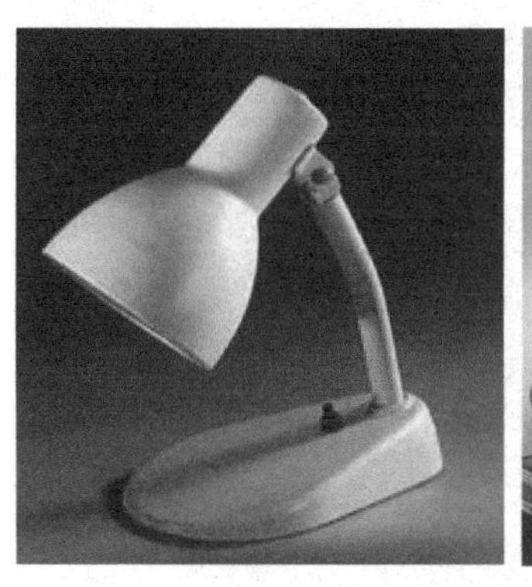

▲ 图 1-21

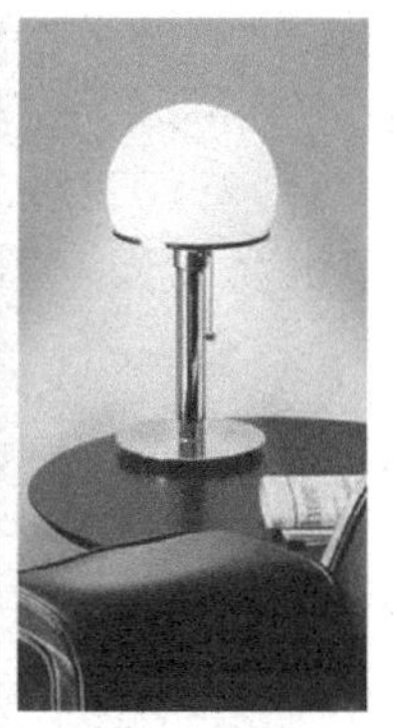

▲ 图 1-22

▲ 图 1-23

包豪斯学生玛里安·布兰德（Marianne Brandt）于1927年设计了著名的有“康登”台灯，如图 1-21 所示，此款台灯具有可弯曲的灯颈，稳健的基座，造型简洁优美，功能效果好，并且适合于批量生产，成了经典的设计，也标志着包豪斯在工业设计上趋于成熟。

华根菲尔德（Wilhelm Wagenfeld）则是包豪斯毕业的另一位灯饰设计的杰出代表。作为参与批量生产的德国设计师之一，华根菲尔德设计了世界著名的镀铬钢管 WG24 台灯，该台灯由不锈钢管与乳白色玻璃构成。台灯的造型简洁明快、结构单纯明晰，一扫此前灯具设计中纤巧繁琐之风，具有鲜明的时代美感，如图 1-22 所示。

20 世纪初期，斯堪的纳维亚半岛的风格在北欧崛起。作为一种现代设计风格，它将现代主义简单明快的设计思想与传统的设计风格相结合，既注意产品的使用功能，又强调设计中的人文因素。其中最值得一提的是世界著名的丹麦照明设计师汉宁森 (Poul Henningsen) 设计的照明灯饰。丹麦历来具有设计合理、有效照明的传统，而汉宁森则是其中的杰出代表，他一生致力于照明灯具的设计。1920 年代早期汉宁森提出，灯饰可以是一件雕塑般的艺术品，但更重要的是它也能提供一种无眩光的、舒适的光线，并创造一种适当的氛围，汉宁森设计的灯饰如图 1-23 所示。

3. 高度发展

灯饰设计的主要任务是满足现实和重建的需要，对于厂家和设计师而言，有两种象征重建的方法：一种是技术性的，一种是艺术性的。以美国为代表的设计发展了一种强调机器效率的工业设计风格，美国以近代的光学控制技术为背景，把照明灯饰作为光的道具，朝着创造新的视环境迈进了。

与此相反，以斯堪的纳维亚半岛为代表的设计则以创造美好生活的社会理想来描述自己国家的未来。到了 20 世纪 50 年代，经济迅速增长，消费文化也开始繁荣起来，战后重建的实际需要被风格上的追求所取代。同时，战后经济的大发展，伴随着新材料的产生和新工艺的研发，灯饰设计走进高速发展的时期。

20 世纪 40 ~ 20 世纪 50 年代，美国和欧洲灯饰设计的主流是在包豪斯理论基础上发展起来的现代主义，其核心是功能主义。1940 年，现代主义博物馆为工业设计提供了一系列“新”标准，即产品的设计适合于它的目的性、适应

▲ 图 1-24

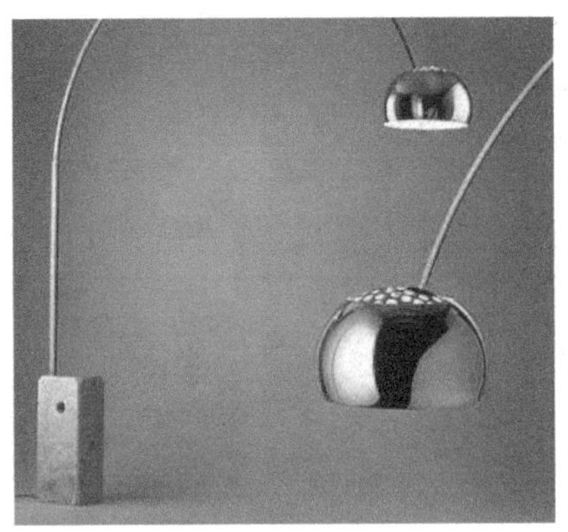

▲ 图 1-25

于所用的材料、适应于生产工艺，形式要服从功能。符合上述标准的实用物品则被誉为“优良设计”, 在灯饰设计中也存在一些这样的范例。美国设计师沃森 (Kurt Versen) 设计的台灯（见图 1-24）采用黑色金属管支架、亚麻布灯罩，非常简练朴质，被认为是高雅趣味的体现。

意大利的灯饰设计达到了一个新的水平，设计师把照明质量与效果，如照度、阴影、光色等，和灯具的造型等同起来，在形态创新上取得了很大的成功。从 20 世纪 60 年代开始，塑料和先进的成形技术使意大利设计创造了一种更富有个性和表现力的风格。大量低成本的塑料灯饰以其轻巧、透明和艳丽的色彩展示了新风格的特点，完全打破了传统材料所体现的设计特点和与其相联系的绝对永恒的价值。其中代表人物当属卡斯特里奥尼 (Achille Castiglioni) 兄弟，他们设计了多款利用聚合物喷塑技术生产的灯饰，并在不断探索中改进了灯饰的过热问题。图 1-25 所示的 the Arco Lamp（艾科落地灯）是他们最有影响力的代表作品，该灯饰表现了卡斯迪格里奥尼兄弟在设计上对于技术特征的高度强调，金属弧形吊臂、金属灯罩和巨大的白色大理石的张扬，设计形式上的内敛，形成很鲜明的对照，功能好，形式也突出技术浓度。

4. 多元化设计

20 世纪 70 年代以来，资本主义经济一度衰退，能源危机、电子工业的迅猛发展，人类社会的物质文明展现了一个崭新的时代。思想观念领域呈现出多元价值取向的趋势，随之设计领域也呈现出了更加繁荣的景象，设计流派纷呈，“波普主义”“后现代”“高技派”“孟菲斯”“解构主义”等，灯饰设计也在这一潮流下为人们展示了五彩缤纷的新天地。设计师们几乎尝试了他们所想得到的所有材料，包括纸、布料、空气等，运用各种各样前所未有的造型语言，装饰、表现、象征、隐喻、仿生等手法层出不穷。灯饰在各种设计风格中都有非常典型的代表作品。图 1-26 为英戈・莫端尔设计的波卡・米塞里亚设计吊灯，解构主义灯饰代表，以瓷器爆炸的慢动作影片为蓝本，将瓷器“解构”成了灯罩，别具一格。图 1-27 为索特萨斯于 1981 年设计的台灯，像一只有着长长的黄色的脖子和四四方方的红色喙的热带鸟类。设计师索特萨斯从来不曾失去对事物的爱，灯饰是一种感官的享受，完全的快乐至上，如此的让人欢迎，无法拒绝。

自20世纪80年代以来，生态环境问题在国际范围内的被广泛关注，设计师在灯饰设计中表现出了对社会、经济、技术、生活方式、环境等诸多方面的关注和思考。绿色设计思潮的影响，对再生材料的利用，减少环境污染和资源能源浪费等问题越来越受到更多的设计师关注。总之，现代居室灯饰设计呈现多元化的发展。

▲ 图1-26

▲ 图1-27

第二节 灯饰的概念与分类

一、灯饰的概念

“灯具”与“灯饰”虽然字面只相差一字，但却是两个相互关联却各有侧重的不同概念。灯具是包含光源、灯罩、灯座、开关和其他附件装配组合而成的照明器具。灯具的主要功能在于照明，用以消除黑暗给人带来的精神压力，改善生存状态与生存环境。灯饰在灯具满足照明功能的基础上更侧重于装点生活、美化环境，是情感表达的载体。灯饰为电器的艺术、建筑的艺术和视觉的艺术，是具有三重属性的特殊产品。

二、灯饰的分类

1. 按照光通量在空间上的分配特性分类

灯饰的分类及特性如表1-1所示。

2. 按灯饰的外形和功能分类

（1）吊灯

吊灯是由连接机械结构将光源固于顶棚上的悬挂式照明灯饰。一般为悬挂在天花板上的灯具，是最常用的照明形式，有直接、间接、向下照射及匀散光等多种灯型。吊灯由于其悬挂于室内上空，能使地面、墙面及顶棚都得到均匀的照明，因此常用于空间内的平均照明，也叫一般照明，特别是在较大的房间或大的厅堂内，需要营造轻松气氛的环境时，吊灯的运用更为重要，一方面能使整个空间亮起来，同时与局部照明或重点照明结合设计使用，可起到柔和光线，减少明暗对比的作用。吊灯是点缀一个空间、为其增添特色和华丽感的一种巧妙的方法。吊灯的形态变化多端，具有烘托气氛、艺术化生活的装饰作用，无论是从照明角度还是从装饰角度，都能满足室内空间的需要。吊灯使用范围广泛，可用于客厅、餐厅、卧室等区间。当然由于使用环境的不同，形状自然也有所区别，如图1-28所示。

（2）吸顶灯

吸顶灯是直接将灯饰安装在天花板上，适合于客厅、卧室、厨房、卫生间及办公空间的照明。吸顶灯主要是用于环境照明，是将光线

▼ 表 1-1

分类	图例	注释	特点
直接型	不透明材料 100%光线直射	90% 以上的光通量向下直接照射，效率高，但灯具上半部几乎没有光通量，方向性强导致阴影较浓。按配光曲线分为五种：广照型、均匀照型、配照型、深照型、特深照型	直接型灯饰具有强烈的明暗对比，并能造成有趣生动的光影效果，可突出工作面在整个环境中的主导地位，但是由于亮度较高，应防止眩光的产生
半直接型	20%光线反射 半透明材料 80%光线直射	灯具大部分光通量（60% ~ 90%）射向下半球空间，少部分射向上方，射向上方的分量将减少照明环境所产生的阴影的硬度并改善其各表面的亮度比	灯饰常用于较低房间的一般照明。由于漫射光线能照亮平顶，使房间顶部高度增加，因而能产生较高的空间感
漫射型	50%光线 半透明材料 50%光线	灯具向上向下的光通量几乎相同（各占 40% ~ 60%）。最常见的是乳白玻璃球形灯罩，其他各种形状漫射透光的封闭灯罩也有类似的配光	灯具将光线均匀地投向四面八方，因此光通利用率较低
半间接型	80%光线直射 半透明材料 20%光线反射	灯具向下光通占 10% ~ 40%，它的向下分量往往只用来产生与天棚相称的亮度，此分量过多或分配不适当也会产生直接或间接眩光等一些缺陷	上面敞口的半透明罩属于这一类。它们主要作为建筑装饰照明，由于大部分光线投向顶棚和上部墙面，增加了室内的间接光，光线更为柔和宜人
间接型	100%光线直射 不透明材料	灯具的小部分光通（10% 以下）向下	设计得当，全部天棚成为一个照明光源，达到柔和无阴影的照明效果，由于灯具向下光通很少，只要布置合理，直接眩光与反射眩光都很小。此类灯具的光通利用率比前面四种都低

▲ 图 1-28

▲ 图 1-29

▲ 图 1-30

在整个房间内均匀分布，其材料主要有透明或半透明的玻璃和塑料，并且可以根据需要做成各种形状和尺寸。常用的有方罩吸顶灯、圆球吸顶灯、尖扁圆吸顶灯、半圆球吸顶灯、半扁球吸顶灯、小长方罩吸顶灯以及近年来比较流行的低压水晶灯、铝材灯等。透明材料的灯具比较适合白炽灯，并有光芒四射的效果；荧光灯一般用半透明和棱镜材料，从而使光线均匀散射，如图 1-29 所示。

（3）台灯

台灯主要是摆放在书架、书柜、桌子、餐具橱柜或其他任何水平面上的灯饰。通常它们有一个底座，一个支杆和一个灯头。按照功能，台灯大致可分为工作台灯和装饰台灯两种。工作台灯带有灵活悬臂和灯头，灯罩多为定向反射型，发出的光集中在一个区域，为环境照明补充光线，适合于集中精力工作情况下的工作照明，比如书写和阅读，如图 1-30 所示。装饰台灯则主要起装点环境的作用，灯具本身的形态或发出的光线是主要的装饰元素，多为慢投射型或慢发射型灯罩，光线柔和分散，只为营造气氛，如图 1-31 所示。

（4）落地灯

落地灯除了具有一般照明功能外，还有可以移动和局部照明两个特点。落地灯常用作局部照明，不讲全面性，而强调移动的便利，对于角落气氛的营造十分实用。落地灯的种类繁多，能够提供各种类型的照明。有些落地灯的照明与工作台灯相似，有些则把光向上投射到天花板或向下照射到地面，或是有装饰性很强的漫透射灯罩，光线均匀散布在室内，如图 1-32 所示。

▲ 图 1-31

▲ 图 1-32

（5）壁灯

壁灯是墙壁上装饰的一种不可或缺的重要方式。壁灯可用于环境照明或工作照明。如果是提供环境照明，它发出的光线可以根据不同需要选择向下或向上，光线直接向上时大部分光线会通过天花板反射下来，这与上射落地灯和间接型灯具的效果类似。壁灯的照明度不宜过大，注意它的光影效果，这样才富有艺术感染力。壁灯使用广泛，将各式各样、色彩缤纷的灯饰装点到墙壁上对居室光线的补偿作用是不能轻视的，如图 1-33 所示。

3. 按灯饰的材质分类

现代灯饰的材质五花八门，几乎所有的材料都可以用来制作灯具。除了传统常见的金银铜铁、陶瓷、玻璃、石木灯具外，水晶、竹木、皮革、玻璃、布艺、纸张以及多种合成材料（如塑料、树脂）等越来越多的材料被应用在灯具的装饰设计领域。

（1）水晶灯

水晶灯饰起源于欧洲十七世纪中叶的"洛可可"时期。当时欧洲人对华丽璀璨的物品及装饰品尤其喜爱。水晶灯饰便应运而生，并大受欢迎。其实在十六世纪初"文艺复兴"（公元 1500-1650 年）时期，已经有水晶灯饰的历史记载。但当时的水晶灯饰是用金属灯架来支撑天然水晶或石英垂饰，然后采用蜡烛作为光源的照明装饰灯具。水晶灯在我国出现是 20 世纪 60 ~ 70 年代，起步于 20 世纪 90 年代中期， 2002 年后得到发展。优质的水晶切割精确，内部光泽度好，无气泡，表面还要经过认真严格的手工打磨工序。水晶的切面平滑抛光，闪烁明亮，从而加强了切面的反射效果，使透视、折射和反射效果发挥得淋漓尽致，如图 1-34 所示。

▲ 图 1-33

▲ 图 1-34

（2）竹灯

竹导热性差，手感温和，韧性佳，给人亲切温和感。竹制灯饰在我国南方竹林密集地区是一种常用的灯饰。竹灯给人以自然感觉的同时，还把古朴的感觉渗透进生活，满足了人们返璞归真的追求，如图 1-35 所示。

▲ 图 1-35

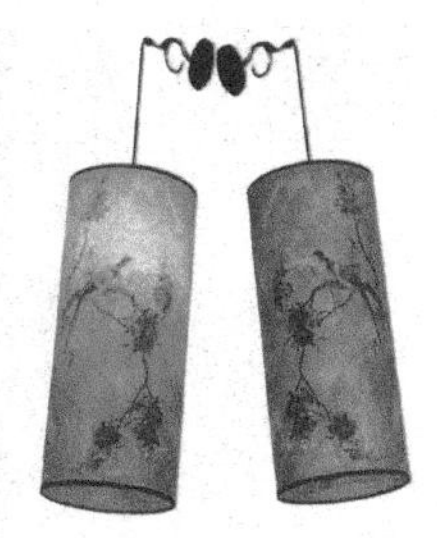
▲ 图 1-36

（3）皮革灯

织物和皮革是人们在日常生活中接触最为频繁的材料，具有较好的延展性，能给人以柔和感和温暖感，被拉伸时还具有张力感和通透感。在古代和现在的一些偏远地区，草原上的人们就开始利用羊皮皮薄、透光度好的特点，用它裹住油灯，来防风遮雨。现在，人们运用先进的制作工艺，把羊皮制作成各种不同的造型，通过一些现代的工艺处理，满足了不同喜好的消费者的需求。羊皮灯的主要特色是光线柔和，色调温馨，具有浓郁的中国古典气质。近年来，一些仿皮质感的 PVC 灯罩更是开拓了羊皮灯的市场，同时灯饰框架也逐渐隐入羊皮灯罩内，使造型走向时尚，如图 1-36 所示。

（4）布艺灯

布艺以其柔软舒适的质感，丰富的色彩和图案选择，柔化了室内空间的线条，赋予居室一种温馨浪漫的格调，或清新自然、或典雅华丽。用布艺灯饰来装饰室内环境让居室简单明快又不失美感。布艺灯饰简约、时尚、个性化的特点，已成为国际灯饰市场的潮流所在。运用打褶、滚边、刻花等方式，将简洁典雅的布面灯罩制造出各种样式，营造出了如梦如幻的氛围。在现代灯具装饰中还有一些以布艺为灯罩的枝形吊灯、布艺台灯和落地灯。其丰富的色调和温和的质感能很好地与居室环境相协调。图 1-37 所示为设计师利用柔软的布料包裹在螺旋形框架上，创造出海洋中海星、珊瑚、海螺等形态，既能带来柔和的采光，又能营造深海般神秘浪漫的意境。

（5）玻璃灯

玻璃表面平滑、透明，透光性极好，具有很好的通透感、光滑感和轻盈感。玻璃开始应用在灯饰和光源上的时间已无法考证。应该说有了玻璃，人们就用玻璃来挡风透光。自从爱迪生发明现代光源——白炽灯起，光源和灯饰就采用了玻璃材料。玻璃在光源和灯饰上就起着举足轻重的作用。玻璃原料经过一系列的加工处理、玻璃熔融、吹制、压铸等成型制作，以及后期着色、压花、喷花、刻花、改性等处理方式大大增加了其在现代家居灯饰设计材料中的比重。玻璃达到一定的厚度以及一些特殊的工艺处理会让其强度大大增加，不仅可以用来作为柔化光线的灯罩，还可以用作支撑作用的灯臂。图 1-38 所示的吊灯，茶色玻璃的灯罩扩展了灯饰的虚空间，增添了现代感。

（6）纸灯

在古代，纸是人们找到的既能透光又能防风、造价最为低廉的好材料，所以纸灯笼具

▲ 图 1-37

▲ 图 1-38

▲ 图 1-39

▲ 图 1-40

有很长的历史。各地的特色灯节也都少不了纸灯笼的身影。现代纸灯已经不仅作为户外灯、仿窗式落地灯，而且纸灯具有现代感性线条、简洁流畅的特点让它成为灯饰重要组成部分。一部分纸灯利用纸材本色，营造一种质朴的风韵，带着禅意。图 1-39 为日本著名设计师喜多俊之设计的 KYO 灯饰，利用日本手抄和纸制作，柔美的光线让人感动和喜欢。另一部分纸灯改变传统的色泽，进行了大胆的色彩创作。图 1-40 为一款名为深海诱惑的灯饰，在纸材上绘制了各种斑斓的图案，描绘了海底的旖旎风情。

（7）铁艺树脂灯

铁艺树脂灯源自欧洲古典艺术的风格精髓，仿欧洲宫廷式的装饰效果，充分显露出其欧式古典的魅力。铁艺树脂灯代表欧洲历史岁月的痕迹，体现出的优美隽永的气度代表了一种卓越的生活品味。铁艺树脂灯主体是由铁和树脂两部分组成，铁制的骨架能使灯的稳定性更好，树脂能使灯的造型更多元化。铁艺树脂灯以其古朴典雅的质地、酷炫的造型出现在众人面前，而铁艺的仿古设计，更是深入人心。乡村风格的流行也使得少量个性化需求而存在的铁艺树脂灯成为灯饰市场的新宠。铁艺树脂灯饰的材料具有坚固耐久和独特的质感，再加上蕴含了丰富艺术内涵和独到神韵的树脂雕刻，无论是追求欧美的风格，还是张扬个性，铁艺和树脂的配合都恰到好处。手工绘制的灯罩，暖色调为主的光源，散发出温馨柔和的光线，更能凸显欧式风格家装的典雅与浪漫，如图 1-41 所示。

（8）陶瓷灯

陶瓷来自于黏土，给人以古朴、厚重感。坚硬且耐蚀性极强，常温下不会变形、褪色，因而又会产生一种恒久感和坚实感。由于陶

▲ 图 1-41

▲ 图 1-42

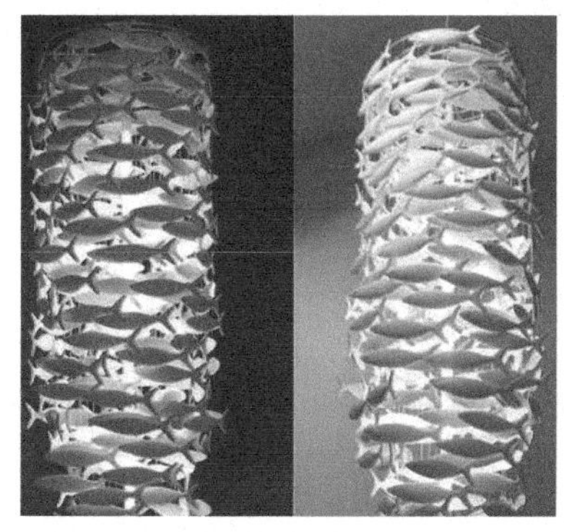

▲ 图 1-43

瓷脆性强，会使人很容易产生易碎感和脆弱感。大部分陶瓷本身透光性较差，但是陶瓷用在灯饰上由来已久。陶瓷大多作为一个台灯座抑或部分的镂空来使用。薄胎陶瓷灯（见图 1-42）以其精湛的工艺，优良的质地给人高贵的艺术美感体验。现代的陶瓷灯饰已经打破以往整体的形象，单体的造型结构，群落的组合也带来别样的韵味。图 1-43 为深海诱惑灯饰，利用白瓷制成的鱼群，在黑暗处点亮后会呈现出宛如深海中的光影。

（9）石材灯

在琳琅满目的灯饰中，石材灯属于比较安静古朴的种类，它采用质地天然，纹理清晰的石材为主要原料，融华夏传统雕刻与欧

▲ 图 1-44

美古典艺术于一炉，既雍容华贵，又与现代新潮建筑相吻合。石材灯的透光度非常好，开灯以后能够清晰地看到石头灯罩上的天然花纹。云石灯用最纯净的色彩表达情感，中西交融、古今结合的风格，令人感觉时间和空间无限扩大。云石虽然没有华丽的外表，但是经过手工雕刻以后，却可以成为高贵典雅的灯饰，如图 1-44 所示。

随着现代灯饰材料的不断丰富，各种新材料、新工艺不断涌现，而各种传统材料也呈现出新的面貌。现代灯饰设计是对材料进行合理的运用，通过对材料本身物理性质和情感特性的理解和把握，结合现代人的审美意识，通过各种造型手段表现材质本身所蕴藏的美感如肌理、色彩、光泽等。现代材料科学为我们的灯饰装饰提供了坚实的物质基础和广阔的发展空间，五颜六色、造型多样的纸质灯饰、布艺灯饰、金属灯饰、玻璃灯饰以及其他复合材料的灯饰等异彩纷呈，极大地丰富了灯饰的内容。

4. 按灯饰的风格分类

（1）北欧风格（斯堪的纳维亚半岛风格）

北欧风格是指欧洲北部国家挪威、丹麦、

瑞典、芬兰及冰岛等国的艺术设计风格。北欧风格灯饰的设计特征有造型简洁、配色单纯、质朴天然。北欧风格灯饰具有很浓的后现代主义特色，注重流畅的线条设计，代表了一种时尚，回归自然，崇尚原木韵味，外加现代、实用、精美的艺术设计风格，反映出现代都市人进入新时代的某种取向与旋律。图 1-45 为保尔·汉宁森的 PH 灯，是斯堪的纳维亚半岛设计风格的代表作品。它的特点是所有的光线都经过至少一次反射才到达工作面，以获得柔和、均匀的照明效果，并避免清晰的阴影；而且无论从任何角度均不能看到光源，以免眩光刺激眼睛；对白炽灯光谱进行补偿，以获得适宜的光色。减弱灯罩边沿的亮度，并允许部分光线溢出，避免室内照明的反差过强。

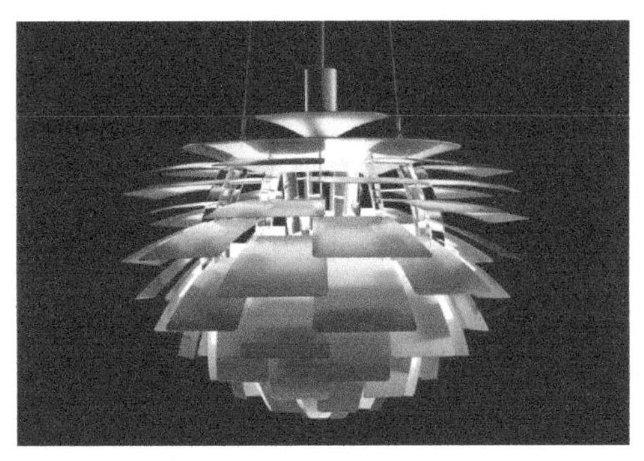

▲ 图 1-45

这类灯具不仅具有极高的美学价值，而且因为它是采用照明的科学原理，而不带任何附加的装饰，因而使用效果非常好，体现了斯堪的纳维亚工业设计的鲜明特色。图 1-46 为 2016 年斯德哥尔摩家具及灯具博览会上瑞典设计工作室 front 设计的一款“plane 灯具”。它采用多根金属细丝联接组成形似皇冠的结构，支撑起平面光源部分。光源本身完全透明，开启时，光线能够等同地传播到上下两侧。plane 灯具设计着重展现通透感和锐利的线条感，突出无重量的概念。

◀ 图 1-46

（2）美式风格

美式风格的灯饰是美国西部乡村的生活方式演变到今日的一种形式。它是古典中带有一点随意，摒弃了过多的繁琐与奢华，兼具古典主义的优美造型与新古典主义的功能配备。美式风格灯饰常用一些树脂、铁艺、原木材料为主，灯光多为非炫目灯光，且尽量做到只见光不见灯的效果。造型上注重古典情怀，造型相对简约，外观简洁大方，更注重舒适感，如图 1-47 所示。

▲ 图 1-47

（3）法式风格（法式宫廷 / 法式田园）

法式风格的灯饰可分为法式宫廷和法式田园。法式宫廷灯饰强调以华丽的装饰、浓烈的色彩、精美的造型，以期望达到雍容华贵的装饰效果。法式宫廷灯饰注重曲线造型和色泽上的富丽堂皇。有的灯还会以铁锈、黑漆、仿古铜色等故意营造出斑驳的效果，追求仿旧的感觉，如图 1-48 所示。法式田园风格保留了法式宫廷风格的白色基调，简化了雕饰，去掉了奢华的金色，加入了富有田园雅趣的碎花图案，更显清新淡雅，如图 1-49 所示。

（4）地中海风格

地中海风格的灯饰以其极具亲和力的田园风情及柔和的色调，组合搭配上的大气很快被地中海以外的人群所接受。地中海风格的灵魂，比较一致的看法就是"蔚蓝色的浪漫情怀，海天一色、艳阳高照的纯美自然"。在色彩上，以蓝色、白色、黄色为主色调，看起来明亮悦目。在材质上，一般选用自然的原木、天然的石材等，用来营造浪漫自然的情调，如图 1-50 和图 1-51 所示。

▲ 图 1-50

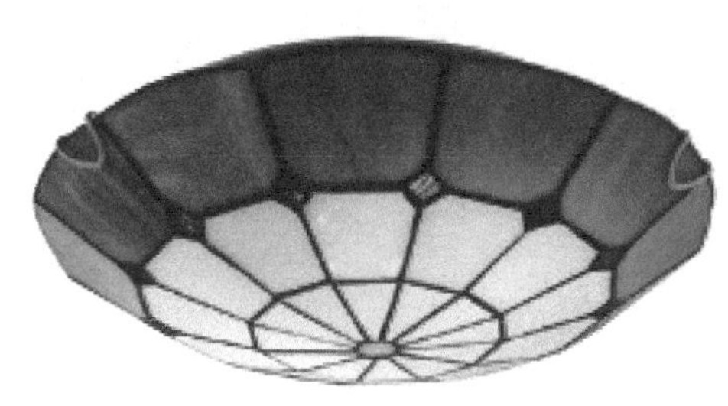

▲ 图 1-51

▲ 图 1-48

▲ 图 1-49

（5）新中式风格

新中式风格的灯饰就是有典型中国文化特色的灯饰设计风格。新中式风格设计是对中国当代文化充分理解的基础上的当代设计，中国传统风格文化意义在当代背景下的演绎。新中式风格是将现代设计元素与传统元素结合在一起，通过对传统文化的研究，表达出端庄、含蓄的东方审美意境，而不是单纯的设计元素进行堆砌，如图 1-52 所示。

◀ 图 1-52

（6）现代简约风格

现代简约风格，顾名思义，就是让所有的细节看上去都是非常简洁的。灯饰以简洁的造型、纯洁的质地、精细的工艺为其特征。灯饰强调功能性设计，线条简约流畅，色彩对比强烈；大量使用钢化玻璃、不锈钢等新型材料作为辅材，也是现代风格灯饰的常见装饰手法，能给人带来前卫、不受拘束的感觉，如图 1-53 所示。

（7）和式风格

和式风格的灯饰采用木质结构，不尚装饰，简约简洁。和式风格的灯饰纯净、抽象化而达到美的净化；感知自然材质，有景生情，回归原始和自然；逐步简约化，善用肌理纹路，多运用单纯的直线、几何形体，或具有节奏的反复的符号化图案。图 1-54 为日本 Miyako Andon 灯饰设计。

▲ 图 1-53

▲ 图 1-54

三、灯饰设计及其重要性

灯饰设计是一项既有创造性，又有限制性的工作。在设计过程中，不仅要考虑灯饰的艺术造型，还要考虑到使用的环境，以及恰当地选择灯饰的制作用材、加工工艺，并且合理地选定光源种类及型号，也要考虑维护保养方便，用电安全、成本和售价等问题。

灯饰的概念一旦确立，它的发展便被赋予了高度的多变性和自由的特点。灯饰装点生活、美化环境的功能是由其艺术表现力与审美价值所决定的。艺术灯饰往往从设计入手，既强调灯饰产品的艺术个性，提升灯饰的文化品位，又十分注重灯饰审美情趣的深度挖掘，从而创造出浓郁的艺术氛围和一种

妙不可言的审美情趣。

酒店照明灯饰在酒店装修设计中有举足轻重的作用。它既要达到采光功能上的照明要求，又能满足艺术上的装饰要求。因此酒店灯饰包括功能性照明与艺术性照明两部分。不同等级的酒店功能性照明与艺术性照明是不同的。如酒店大堂一般用的都是大型的水晶灯或者是吸顶灯，显得酒店亮堂、气派。酒店客房一般就用一些普通的吸顶灯、台灯、床头灯等，营造一个温馨休息环境。

灯饰从不同角度照射可以强调空间形态、界面质感或装饰，不同的布置方式可以利用光、光晕或光影装饰空间界面。在大厅或宴会厅，人工照明的设计使整个气氛充满华贵感；在酒吧或咖啡厅，隐蔽光源或幽暗的散射照明使整个氛围神秘而幽雅。

灯饰装饰作用包括两个方面，一是光线的装饰作用，二是灯饰本身的装饰作用。例如，灯饰可以形成各种各样的图案，这些图案本身就会产生一种特殊的装饰效果。从一些镂空的带有装饰图案的背面或是带有装饰纹样的背面打强光，使图案与纹样产生更加突出的装饰效果。除此之外，灯饰本身也具有很强的装饰性。

通过对灯饰的灯光的强弱及投射角度的设计，可以充分表现材料的质感美，强化对质感肌理的表现。因此，在当今轻装修重装饰的情况下，灯饰设计无疑是非常重要的。

第三节　灯饰的功能与基本特征

一、灯饰的功能

1. 空间照明

照明是灯饰最基本的功能，也是最重要的功能，在灯饰设计时候，必须要考虑光源类型、照度、强度、光色等照明设计的因素，体现灯饰的照明功能。灯饰的照明要有利于人的活动安全和舒适的生活，既要清晰可见，又要表达出设计的气氛与内涵；既要表现出照明设计，突出明亮的效果，又要与周围环境融为一体。

2. 丰富的空间形态

在现代照明设计中，运用人工光的抑扬、隐现、虚实、动静以及控制投光角度和范围，以建立光的构图、秩序、节奏等手法，可以大大渲染空间的变幻效果，改善空间比例，限定空间领域，强调趣味中心，增强空间层次，明确空间导向。可以通过明暗对比，在一片环境亮度较低的背景中突出聚光效应，以吸引人们的视觉注意力，从而强调主要去向，也可以通过照明灯饰的指向性使人们的视线跟踪灯饰的走向而达到设计意图所刻意创造的空间。

3. 烘托室内气氛

灯饰的造型和灯光色彩，用以渲染空间环境气氛，能够达到非常明显的效果。例如，在酒店和会所使用的吊灯，使整个大厅显得富丽豪华；教室和办公空间使用的荧光灯使环境简洁大方；而某些主题餐厅使用的个性化灯饰则使环境更具艺术气息。

4. 强化室内风格

灯饰有不同的风格，灯饰的风格常常影响着整个室内的风格，也是营造室内风格中重要的装饰元素，中式灯饰、地中海式灯饰、欧式灯饰在室内空间中具有明显的识别功能，从色调到造型，可以和室内其他陈设设计形成极好的呼应。

5. 体现室内环境的地方特色

许多灯饰的样式、形态、风格可以体现室内空间的地域文化特征。地域文化的差异形成了灯饰的不同风格和形式。因此，当室内设计需要表现特定的地方特色时，就可以通过灯饰设计来满足特定地方特色的生活形态。例如，具有丽江纳西风情的东巴纸艺灯饰经常出现在丽江的各式客栈里，凸显地域文化特征。

二、灯饰功能的发展趋势

1. 向多功能、小型化发展

随着紧凑型光源的发展，镇流器等灯用电器配件的新技术、新工艺不断地被采用，现代灯饰正在向小型、实用和多功能方向发展。

2. 由单一的照明功能向照明与装饰并重的方向发展

现代灯饰正处于从“亮起来”到“靓起来”的转型中，在照明及灯饰设计中，更强调装饰性和美学效果。在一般照明、重点照明、局部照明不同方式下采用不同的设计手段，凸显不同的造型要求。

三、灯饰的基本特征

1. 审美的时尚性

每个时代都有各自不同的时代特征，无论是生活方式，还是审美标准都有所不同。审美是人类最基本的心理特征，人们对美的需求是随着生活的进步、时代的发展而不断提高的。今天的人们在消费过程中看中的不仅是灯饰的使用照明功能和价格，而且也十分讲究灯饰的审美情趣。好的灯饰设计会给消费者带来一定的心理感受，如清新典雅、质朴醇厚、华贵富丽等。这种心理反应是灯饰设计的各种要素在消费者印象中的综合反映，如形式美、材质美、工艺美、装饰美、结构美等。消费者在选购灯饰的过程中经历了一次完整的审美活动。

灯饰设计是时尚的载体，它能自然地流露出不同时代的流行风格和时尚潮流。设计师应具有强烈的超前意识，时刻把握时代的新信息，掌握时尚流行新趋势，考虑现代人的审美需求，强调健康、向上、积极进取、具有时代精神的美感。使所设计的作品具有引领时尚消费的魅力，与目标消费群形成默契的情感交流。追求回归自然的情调和简约的设计风格，提倡绿色设计和人性化设计，注重体现文化性、民族性，通过设计很好地反映整个国家及民族的整体审美水平。

2. 先进的科学性

灯饰设计是一项系统工程。因此，在进行灯饰设计时必须考虑各个环节的科学性、合理性和安全性。在灯饰材料、灯饰结构的设计上，既能发挥功能、凸显个性，又利于运输、销售和使用。在照明方面合理利用和表现光源，节能并避免环

境的光污染；在材料方面运用复合材料、生态材料，凸显质感的多样化。所以在灯饰设计时，一定要充分利用现代科技带来的最新成果，使灯饰成为现代科技的载体。

3. 丰富的文化性

人类创造的一切非自然物统称为文化，它包括人们所制造的物品、知识、信仰、艺术、道德、法律、风俗习惯等。设计与文化之间有着不可分割的联系。设计将人类精神意志体现在创造中，并通过造物设计人们的物质生活方式，而生活方式就是文化的载体，所以说设计在为人们创造新的物质生活方式的同时，实际上也创造了一种新的文化，由于文化具有延续性，因此，设计需要从文化传统中寻找创造依据。现代文化有其新的主题及内涵，新的构成与延伸，也需要新的基础与载体。而现代设计师是现代文化的宠儿，它的发展是以现代生活、现代工业、现代经济作为依托和基础。

灯饰设计也是一种文化现象，不仅是物质功能的创造，也是精神文化的综合体。灯饰的设计，具有丰富的内涵，它能充分体现民族精神、传统文化、地方特色和风土人情。

4. 绿色的环保性

在这个自然资源日益枯竭，臭氧层持续受损、污染不断严重、人们对温室效应的恐惧日益加剧的时代，任何脱离环境问题而展开的设计研究都缺乏意义。脱离环境问题而用一种纯粹或抽象的形式讨论美学的问题是不实际的。绿色设计、生态设计是一种可持续性设计，把生态设计引入灯饰创作中，有利于环境的可持续发展。

第四节 灯饰设计的构成要素

一件完整的灯饰产品设计具体细分包括多种要素，包括灯饰的功能设计、灯饰的结构设计、灯饰的照明设计、灯饰的工艺设计、灯饰的形态设计、灯饰的材料设计、灯饰的色彩设计、灯饰的装饰图案设计等。完成一件灯饰设计、所涉及的知识面也很广，包含有材料学、物理学、工程学、艺术学、心理学等学科，所以灯饰设计是一个系统工程。灯饰设计的构成要素我们这里可以归纳为以下三大方面。

1. 功能要素

功能要素主要指灯饰的照明功能和装饰功能的体现，包括色光的选用，照度、亮度的控制，照明方式的设计，灯饰材料的选择，灯饰风格的体现等。

2. 立体构成要素

立体构成要素主要指灯饰的立体形态、造型设计。它包括灯饰的造型设计、灯饰的结构设计、灯饰的工艺设计以及灯饰材料的选择。通过选用适当的设计材料、正确的加工方法进行合理化的人性化的灯饰形态设计。

3. 平面构成要素

平面构成要素主要指灯饰的视觉传达要素设计。它包括灯饰的色彩设计、图案肌理设计等。将所要传达的信息在灯饰表面上体现，在不违背人们视觉生理习惯的情况下进行巧妙的组织与编排，使其能捕捉住消费者的视线，促使消费者产生美好的情感体验。

2 第二章

灯饰设计的构思方法

构思是设计的灵魂。所谓“构思”就是指设计者在设计之前的思考与酝酿过程。从灯饰的整体形象设计到局部处理，从材料选用到结构设计，从灯饰的立体造型到平面细节各方面，都需要通过缜密的构思来实现，达到预想的效果。要提高灯饰设计的构思水平，必须研究其方法，在设计中反复实践、灵活运用。构思的核心是考虑表现什么和如何表现。

第一节　灯饰设计的构思

一、构思角度

设计需要构思，对设计而言，构思是一种独特的思维活动，没有构思也就没有创作。构思是设计师潜意识的直觉顿悟，构思需要对生活的观察和想象。构思可以从以下几方面去寻找灵感。

1. 师法自然、造化从心

“一花一世界，一叶一菩提”，自然界是人类永恒的灵感之源。大自然是鬼斧神工的设计师。且不说仿生学所产生的那些伟大发明，仅仅从造型角度，自然界就有着我们取之不竭的素材。图 2-1 为创意松果吊灯，丹麦设计师保罗·汉宁森的 PH 系列灯之一，灯饰设计史上的经典。灯饰外形明显是一个松果，在满足照明的前提下增加了许多趣味性。设计者并不是简单地照搬造型，而是将造型美感与灯饰的功能进行结合，每片叶片与主轴相连，向下倾斜一定的角度，层叠复合，在体现韵律美的同时把握了松果球的结构，在美观的同时，功能性也得到了完美发挥。图 2-2 为美国设计师 Roxy Towry-Russell 设计的一组名为 Medusae Pendant Lamps 的水母吊灯。每款灯具的形态仿佛是运动中的水母，时而收缩时而扩张，给人一种生活在海洋中的感觉，飘逸的风格可以为用户带来梦幻的照明体验。

人类本身就是自然界的一部分，人对自然的认同感是与生俱来的。因此，到自然界去寻

▲ 图 2-1

▲ 图 2-2

找设计的灵感来融入设计，很容易获得人们的认同。各种生物在自然界长期的进化过程中，经过物竞天择，保留下了最能适应现在这个自然状态的功能和造型，是我们发掘不尽的宝库。师法自然，既可以是造型上的，又可以是功能上的，我们要根据设计对象、目标人群的不同，进行灵活的处理。

从自然界汲取设计灵感，绝不是简单地照抄其形态，照抄形态不等于设计，而是加以提炼和加工。“设计”是可以进行提炼，从其形态中将本质的美找出来，应用到设计中。齐白石说过，画画妙在“似与不似之间”，用到对自然界的借鉴上，同样适合。将对自然的借鉴融合到设计中去，与其功能和适用对象相适应，才是一个成功的设计。

2. 追本溯源，去繁就简

在开始设计构思时，剔除所有外在的干扰因素，从设计对象最根本的设计目的入手，再逐项做“加法”。设计师在进行设计构思时，很容易被既有的各种因素所干扰，对设计对象最根本的功能反而有所忽视。比如过于专注于“造型”的“美感”和表面的装饰，却忘记了产品所承担的功能；再如过于重视灯饰的“色彩”“布局”，却忽视了要传达的最重要的信息等。追本溯源，就是要剥去这些所谓的“设计要素”，从本质入手，扫开迷雾，看到真相，抓住主要矛盾。

很多时候，我们被过多的“设计技巧”“美感要求”所困扰。设计时总是想到各种设计的“要则”，美的“规律”。想得周到是好事，但是有时想得太多反而会成为打开设计思路的负累。在这种情况下，不妨先放开那些因素，直奔主要功能，反而会豁然开朗，设计出直击内心的优秀作品。

▲图 2-3

在设计中要敢于抛开次要因素和各种外来条件的干扰，直面灯饰最基本的功能，直面自己最原始的想法，在确定了要解决的最主要问题之后，再逐渐发散思维，用最简洁的设计语言完成设计。现代主义的设计中，简洁正在成为主流，是对最根本的设计目的的诠释。图 2-3 中的吊灯设计去掉了所有的烦琐的装饰元素，仅展示灯泡的造型，也不失一种简洁的美。

3. 尊重内心，情感释放

情感是一种伟大的精神，是艺术设计的原动力，以艺术的形式表达情感也是艺术的一个基本特征。人们对美的认知和表现离不开情感的驱动。审美与情感在灯饰设计中是设计的内外两个方面，很难分离开来。从设计的过程中看，情感的动力创造了美的形式，美的形式激发了审美的情感。

生活中的喜怒哀乐对于艺术创作是绝佳的构思来源，通过点、线、面、体、块等视觉符号表达内心最真实的感受。图 2-4 中为别具特色的“燕子”吊灯是中国著名建筑

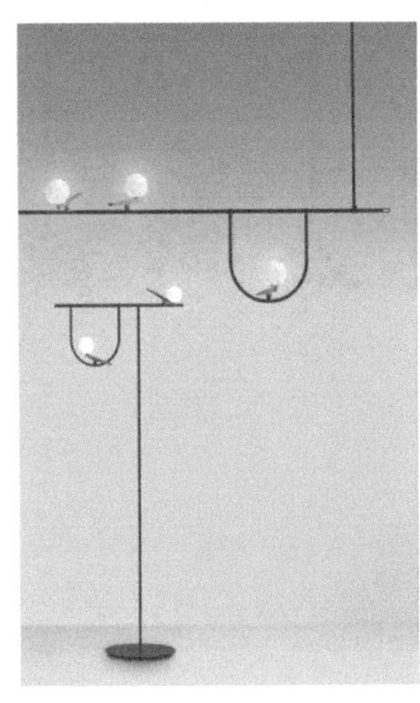

◀ 图 2-4

设计研究室“如恩设计研究室”设计，并在2007年米兰国际家具展上展出，是其为知名灯具品牌Artemide设计，该设计充分立足于Artemide“The Human Light”的设计理念，优雅的线条交错，上面的轨道可以调节，圆形的灯泡与线条结合，宛如燕子立于枝头。

4. 热点追踪，紧随时代

任何艺术作品都是主观情感、审美标准和客观世界的混合体，艺术设计的作品也不例外。但是，设计师不同于艺术家。纯艺术创作在以客观对象为表现对象的同时，往往更多地表现创作者内心的情感与审美趋势。设计师则必须充分考虑大众的审美取向，从某种意义上说，为了尽可能提高产品的销量，设计师其实是在为“大多数”人进行设计，必须考虑大众，尤其是目标人群的关注点。因此，设计师要对社会热点有敏锐的触角，迅速接受并融入自己的设计。由于社会热点即是大众的注意力之所在，我们也可以将这种设计灵感的来源称为“取巧”，但是如果运用得好，往往会在短时间内产生显著的经济效益和社会效益。社会热点诸如重大赛事、流行趋势、热门影视作品等都可以成为我们的取材对象。图2-5为国外的创意灯饰，设计者采用了近年来流行的马卡龙色系。

5. 传统文化，不竭之源

中国的设计师要做出蕴含文化特色的设计，才能真正在世界设计界占据一席之地。中国的传统文化博大精深、浩如烟海，传统文化中蕴含着令人震撼的美感，更值得我们用一生去学习和借鉴。且不说中国传统文化的整体，仅仅是艺术的部分，我们所能学习的也仅仅是沧海一粟。国画、书法、戏剧、雕刻、刺绣等，从造型到技法，从形式到内容都蕴含着无穷的智慧。图2-6为2015年中国国际照明灯具设计大赛中的获奖作品，灵感源于中国水墨山水画。如今，很多领域从传统文化中汲取营养，灯饰设计也不例外。学习传统文化绝不是对传统文化进行生搬硬套，而是理解其在美感上的内涵，提炼并运用到设计中。传统文化中蕴含着值得自豪的内涵，从传统艺术形式中学习、借鉴、提炼，不仅提供了设计的灵感之源，更是体现了文化独立和文化自豪感。

▲ 图 2-5

▲ 图 2-6

二、构思方法

构思方法包含联想构思、理性构思、情趣构思和传统构思。

1. 联想构思

联想是指由一事物想到另一事物的心理过程，不同联系的事物反映在头脑中，形成不同的联想。尽管事物千变万化，但都是由点、线、面、体、空间、色彩、明暗、位置、方向等要素所构成。联想包括接近联想、类似联想、对比联想和因果联想。接近联想是在空间或时间上相接近的一些事物形成的，比如看到蜜蜂会想到花蕊，看到飞机会想到天空；类似联想是由有相似特点的事物形成的，比如看到鸽子会想到和平，看到枪炮会想到战争；对比联想是由有对立关系的事物形成的，比如看到火联想到冰，看到冬天的枯树联想到春天的绿树芽；因果联想是由因果关系的事物形成的，比如看到一个人大汗淋漓会联想到天气炎热；看到森林中燃烧的烟头会联想到森林大火等。

2. 理性构思

理性构思指按照一定的设计理念、逻辑思维按部就班地进行设计构想。它不是灵感的闪动，也不是情感的激荡，完全是一种冷静的理性思维过程。理性构思，首先是提出问题，即根据设计对象、接受对象和竞争对象的不同情况提出问题；其次是根据以上问题和相关背景资料进行综合考虑，寻求问题点和解决点，确定设计表现的定位方向，才能展开有的放矢的构思设计。理性构思是一个纵向思考与横向思考相交叉、相结合的过程，其构思的核心在于表现什么、如何表现这两个问题。

3. 情趣构思

情趣构思是以人们的审美感觉来进行的，这种设计构思使设计作品艺术化，画面更优美，色彩更抒情，气氛更宜人，视觉更刺激。情趣构思用象征性的、对比的或特异的造型语言来进行，也可以用新奇的、出人意料的、耐人寻味的图形视觉效果来引起人们的探求心理，从设计元素的关联性入手，运用人们熟悉的、关注的名人、名画以及人们熟悉的图形来引人注目。

4. 传统构思

传统构思在遵循传统文化的基础上，立意于传统艺术、民间艺术所进行的创作性思维活动。传统构思同样要求把握时代的精神，并结合新工艺、新材料的运用，力求在设计创新中保持和谐。现代设计虽然取材广泛，但大多数创意思想都起源于世界各民族艺术形式及民间艺术形式，取其精华，强调现代审美意识和功用性，使设计作品表现出一种新的传统与时代相融合的民族风貌，让传统的民族文化得以继承与创新，从而富有更强的艺术感染力。

第二节　灯饰创意设计方法

随着灯饰技术的发展，灯饰设计水平的不断提高，其设计方法层出不穷，常见的有以下几种设计方法。

一、功能挖掘法

灯饰的主要功能即照明和装饰，灯饰设计可以突破局限，打破传统的功能限定，发现新的功能需求，增加灯饰设计创意。图 2-7 为名为“传染”的灯饰，每个球状灯泡都是感触式的，当用一个发光球去碰触其他的灯后，它们就会一个接一个地亮起来，好像被传染了一样。当需要充电时，这些球状灯泡会吊在“充电树”上，仿佛硕果累累要丰收了一样。这款灯饰开发了灯饰的娱乐功能。

灯饰功能挖掘的过程中还可以结合灯饰的功能，提高灯饰功能的弹性。图 2-8 中的国外创意灯饰结合了照明、装饰、娱乐和热传递的使用功能。使灯饰从一个照明工具走向了温暖人的机体和心灵的玩偶。

近年来功能的组合是产品设计的流行趋势，灯饰也不例外，图 2-9 为一款台灯书架，

▲ 图 2-7

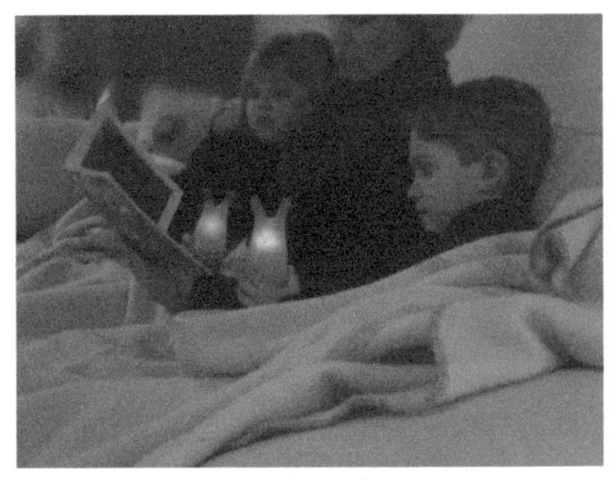

▲ 图 2-8

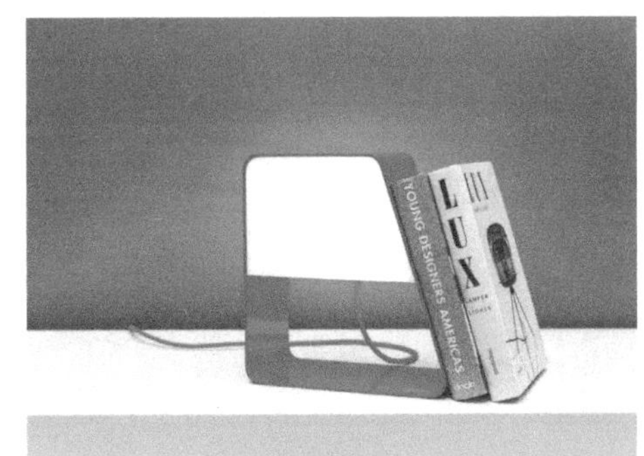

▲ 图 2-9

挖掘了灯饰的家具功能，非对称的框架结构简洁大方。

二、情感法

现代灯饰不仅仅满足简单的照明，更多时候是向观者传递一种情感，讲述一个故事，给予某种含义，为我们生活的舞台提供更多的样式。情感的挖掘和表现将会给灯饰带来更多的创意。

1. 创造充满感情的连接

著名的认知心理学家唐纳德·A·诺曼在他的《情感化设计》中提到，单纯运作良好

的物品未必会受到用户的喜欢。很多人都有感性的一面，在对待某件物品时，除了理性的功能需求分析外，还有感性认识的成分。如今消费者对灯饰的选择，感性的成分占了很大部分。灯饰设计中某种视觉元素，可以引起观者心理的共鸣。图 2-10 为 Eleanor-Jayne Browne 设计的花边吊灯。利用花边作为装饰，它是一种柔美的视觉符号，触动女性观者内心最柔软的部分。

2. 讲故事

现代产品设计，如果只是为了追求视觉效果，用夸张的线条和装饰外形来吸引大众眼球的话，并不算是一个成功的设计。灯饰创意要会讲故事，不仅要让人看见，还要让人看懂。通过静态的视觉符号，让人感受到情感的流露。图 2-11 为木质景观灯饰，光从古朴的材质中泻出，禅意十足，让人体会生态理念的传承，融汇西方流派的东方智慧。

3. 幽默和智慧

幽默不但是一种性格特征，也是一种能力表现，幽默的表现方式不仅仅停留在语言上，它可以展现在生活中的所有细节方面。带有幽默的灯饰会使人感到新鲜、巧妙和新奇，也使灯饰具有了个性。在设计创意中最常见的幽默方式就是仿生的运用。图 2-12 的这款灯来自 Vladimir Tomilov。设计灵感来源于八爪鱼怪异的身形体态和俏皮可爱的感觉，灯罩部分夸大的圆弧造型和下部纤细的线条形成强烈对比，幽默感十足。

▲ 图 2-10

▲ 图 2-11

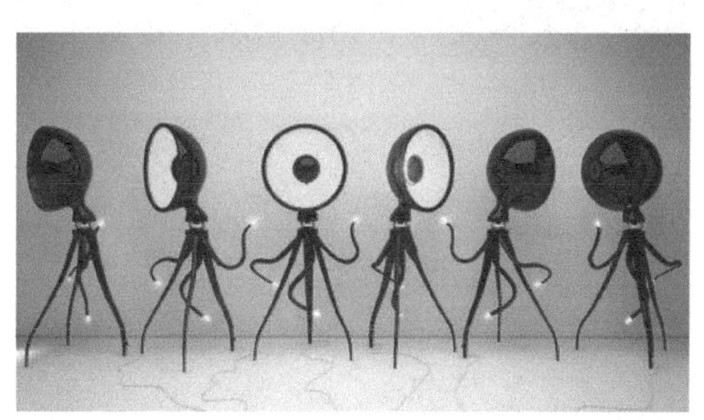

▲ 图 2-12

三、仿生法

所谓仿生设计，就是以仿生学为基础，通过研究生物原型的功能、结构、形态、色彩及生活环境等特征并有选择地在设计过程中应用这些特征原理进行设计。灯饰设计与仿生设计关联密切，从灯饰的形态、结构，到材质、色彩都有很多成功的案例。图 2-13 为意大利灯具品牌 kundalini 在 2017 年意大利米兰灯具展推出的全新系列 KUSHI，它既有台灯也有

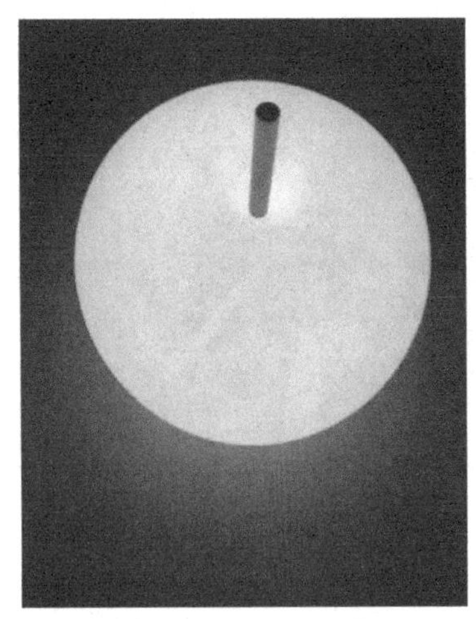

◀ 图 2-13

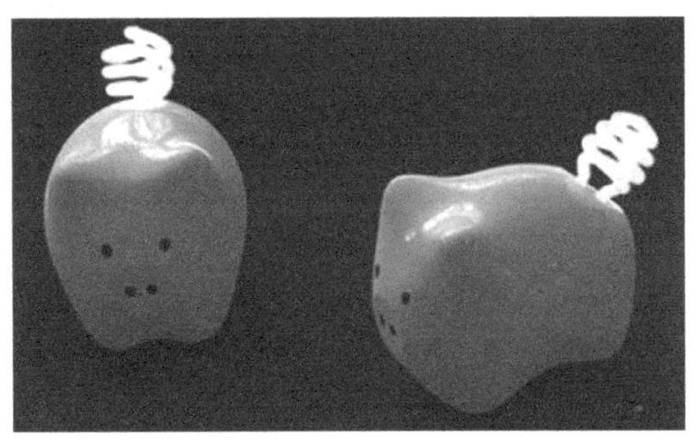

▲ 图 2-14

▲ 图 2-15

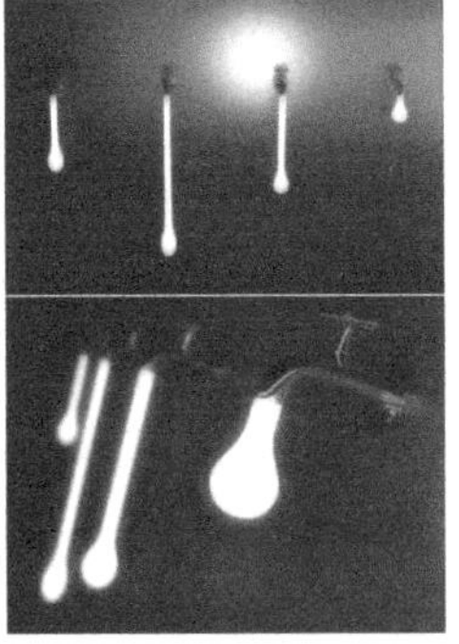

▲ 图 2-16

落地灯，台灯造型小巧可爱，就像一只发光的苹果。图 2-14 为仿生小猪灯饰，胖胖的体态，猪尾巴的节能灯使整个灯饰惟妙惟肖。图 2-15 为设计师 Miriam Josi 设计的螳螂眼灯，仿生了螳螂复眼的结构。图 2-16 为材质仿生灯饰，水滴状的光源仿生水龙头里流淌出的透亮的液体，既有故事性又有趣味性。

四、同构法

在灯饰设计中，根据设计目的需要，将不同的物象进行杂交、嫁接，将表面上毫无相关但有内在联系的不同物形构合为一体，产生具有创造意义的新形象，这就是同构灯饰创意法。图 2-17 中名为 Tree Rings（年轮）的灯，是由加拿大温哥华 Straight Line Designs 的设计师 Judson Beaumont 完成的。主体部分是结结实实的一整段木桩，在顶部覆盖着一层树脂玻璃，通过荧光灯同构树木的年轮，传达光影的转动轮回，“禅意”十足。图 2-18 为把灯的底座设计成啤酒倾倒出的样子，整个灯饰就是啤酒在流淌的过程。

五、材料法

了解每种材料的特性，挖掘材料的视觉特征和触感特性。传统材料用新的表现角度，或者用新的材料组合方式，但对于质感设计的形式美法则要遵循构成设计的一般规律，不同材料的对比协调。同种材料不同表面处理和结构连接，形成统一中求变化。寻找新的可用于灯饰的材料，考虑环保材料和生态材料。图 2-19 为年轻家具设计大师 Benjamin Hubert 为瑞典厂商设计的 LED 灯具，其特别之处不仅仅在于灯的外形，奇妙的是采用一种新型的立体聚酯纤维材料，这种材料以前只运用在床上用品，从未在照明灯具中使用。其天然所具有的可拉伸特质和纺织材料的透光性，决定了其可以拉成复杂的形式，光线可以透过聚酯纤维织物扩散到周围的空间里去。纺织材料做成的灯具从外形上都比较有层次感。图 2-20 为叶子灯，是 2010 年米兰设计周中中国设计师章俊杰设计的，小小的叶片折射了一片森林，叶脉是大

▲ 图 2-17

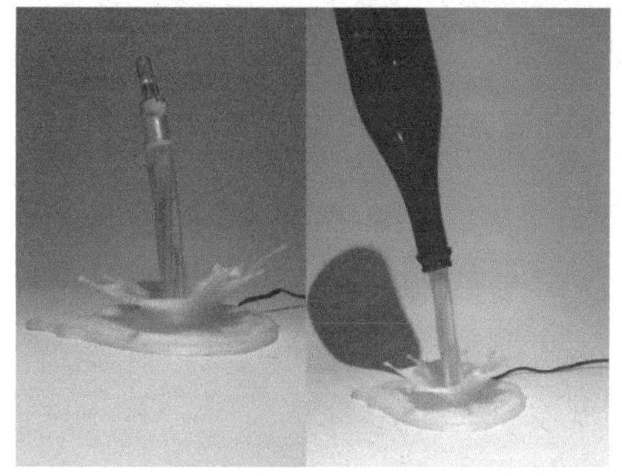
▲ 图 2-18

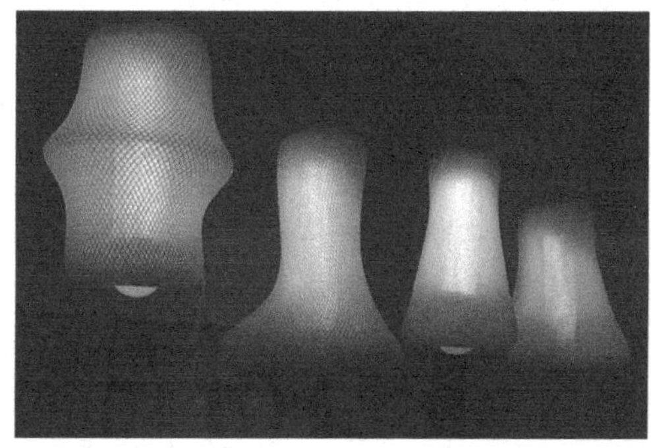
▲ 图 2-19

▲ 图 2-20

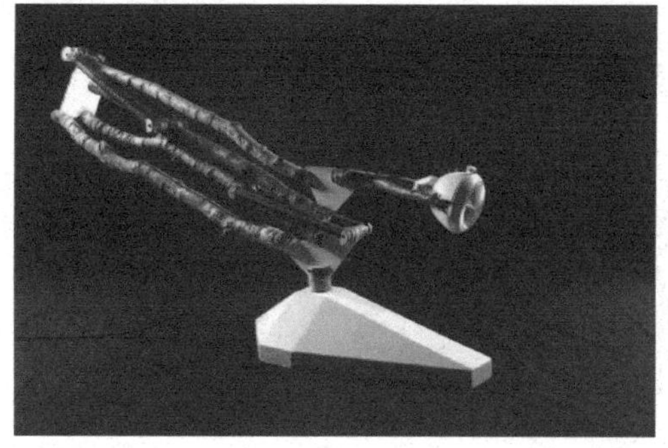
▲ 图 2-21

自然的骨骼，一片片叶片则是自然界的皮肤，自然的光线在半透明叶脉的折射下还原了自然本质的透叠，参差与动势。设计材料使用广玉兰树叶经过脱肉处理，漂白后形成透明如薄纱般的叶脉，材料有韧性、轻盈、自然、可回收。材料的透光性很好，让自然的动感散发出来，凌乱却不失规律。图 2-21 为意大利设计师 Marco Iannicelli 设计的 happy tree friend 灯具，把天然的树枝和金属的支架、底座结合，金属表面光滑，金属质感充满现代感，未加修饰的天然树枝质朴、粗犷，生态美学和现代工业美学的结合给了我们全新的创作思路。

六、地域特色法

在不同的区域，承载着不同的文化，这背后包含着很多各具特色的风俗、文化、视觉符号，这为灯饰创作提供了丰富的素材，材料的独特运用，寻找每个地方有特色的风俗、文化、视觉符号特征。中国文化具象中中国结、京剧脸谱、皮影、桃花扇、景泰蓝、玉雕、漆器、剪纸都是灯饰创作的宝贵素材。图 2-22 的剪纸台灯，利用了北方民间剪纸素材，中国风味十足。图 2-23 的皮影台灯，将我国民间工艺美术与戏曲巧妙结合而成的独特艺术品种浓缩在灯饰上，艺术气息浓厚。

▲ 图 2-22

▲ 图 2-23

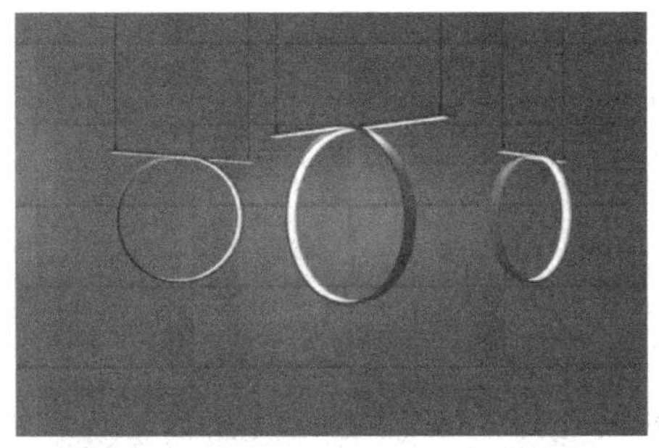

▲ 图 2-24

▲ 图 2-25

七、极简化法

近年来，人们越来越崇尚简约与回归自然；形式感单纯简单的设计，奢华繁复节奏感强的装饰设计，已经不再被大批设计师所追求，相反，人们更加喜欢一种亲近而朴素的造型，它让人们更容易感知、接受，于是自然之美、简约之美的设计频频被设计师所使用。一些简单却富含设计与哲学意味的造型深受消费者喜爱，这种超凡简约的造型一般与现代家庭装修风格不冲突，非常容易被别人接受；这种单纯的形式美不同于对奢华繁复的追求，简单的造型诠释着现代风格的简约美。图 2-24 中的吊灯造型简单，由金属线框和弯木成型的圆环构成，色彩以黑和浅木色为主，给人以安静、现代、实用的感觉。图 2-25 中的灯的光源嵌在木板中，看似随意，但简约而不简单，正是灯饰设计的巧妙所在。

八、动态法

传统的灯饰设计创意仅仅通过静态的视觉符号上体现特色，但我们世间万物都是时刻在变化的，每一时刻都有不一样的姿态，在灯饰的设计过程中把动态的变化融入到造型或者功能中，会为观者带来更多的乐趣体验。图 2-26 为一款自身水滴形成波纹的灯罩，以往我们看到的形态是一种静态固定的，而此灯是把水分密封在灯罩中，当光源受热使灯罩中的水分蒸发，遇冷变成水滴落下，形成涟漪，是一种持续循环的状态。图 2-27 为火上岩台灯，之所以起一个这么奇怪的名字，是因为灯的特别设计使得里面流动的液体有一种火山岩滚动的感觉而起的。这盏灯的设计者从事的工作与工业设计毫无关系，他是英国的一名会计师——爱德华 · 克拉文 - 沃尔克（Edward Craven-Walker），他结合油水不融的特点，用一个造型特别的玻璃瓶

▲ 图 2-26

▲ 图 2-27

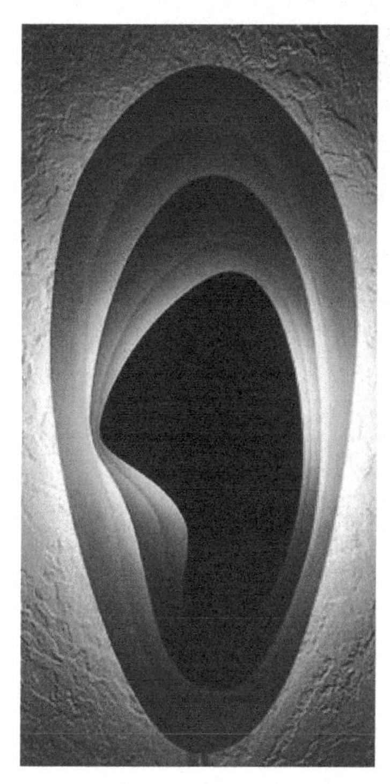
▲ 图 2-28

装了透明染色的水、加上有色的融态石蜡，开灯后，石蜡受到电灯热的刺激就在蓝色的水液体中滚来滚去，整个灯管好像火山熔岩的喷口，而石蜡就像是喷出的熔岩，坐在家里就能看到灯管中火山岩爆发景象，颇有趣味。

九、光影利用法

灯饰设计和其他家具类产品最大的不同就是光的介入和参与，让灯饰在发挥其物理功能的同时，呈现出更多美的意境。

1. 捕捉光的形态

光的形态指光从光源开始到在空间中发射、散射直至消失过程中所呈现出的体积形状。灯饰设计师可以通过捕捉光的形态、塑造光的形态使平淡的灯饰产生奇幻的效果，丰富灯饰的魅力，赋予灯光以艺术的特质。光的形态在于设计师的创造。丹麦设计师保罗・汉宁森的PH 灯（见图 2-1）对光的形态进行了突破性的创造，灯光改变以往灯饰发出的体积光，而是通过钣金片材的叠加，使光线呈一种相对向下的形式分布，光的形态也符合了设计师最初的概念主题。

2. 表现光的色彩

光色是灯饰中极好的设计语言，也是好的灯饰创意的表现手法。在灯饰设计中光色可以营造氛围，讲述概念和故事。图 2-28 所示的壁灯由美国萨克拉门托的年轻设计师 Jon Dennis 和 Rob Zinn 设计，采用等高线的造型、多层次的灯光色彩，营造出一种浪漫轻松的情调。

3. 影的形态塑造

灯饰设计是一种全方位、多角度的设计

▲图 2-29

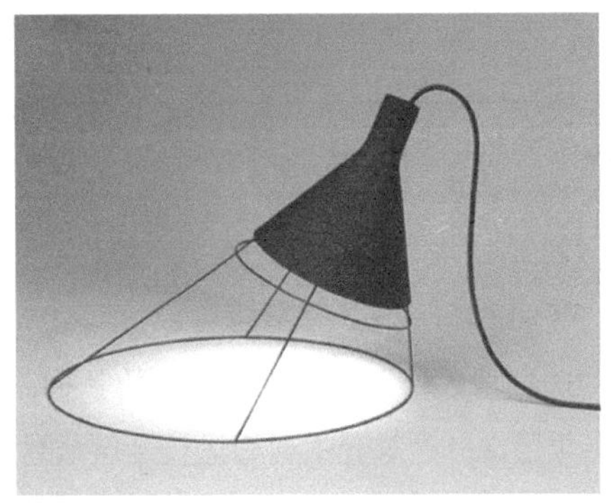

▲图 2-30

艺术，空间中有实有虚、虚实交替，在视觉构图中图（图指实体）和底（底指二维里的背景）都是一种可视的视觉形态，影响观者的视觉感知，空间中的实与虚，在整体的结构权重上有相同的视觉地位和存在的意义，特别是在抽象的艺术空间设计中，两者具有同等作用。在中国古代水墨画中就有“计白当黑，知白守黑”的审美见解，其本质就是笔落在图形上，而意念却在空白之中。这种设计观念的探索对于灯饰的创新有重要意义。图 2-29 的灯具“luminosity”在 2012 年米兰设计周展出，由英国设计师 Tom Dixon 设计，光影使实体的框架蔓延整个空间，形成虚实交替的奇幻空间。图 2-30 的灯为虚实的最佳体现，光源的光投射在平面上，通过线框的围合，使虚的光线融入了灯罩的整体造型。

十、旧物改造法

每一个时代都有独一无二的时代印记。20 世纪 50 年代的搪瓷缸，60 年代的火柴盒，70 年代的凤凰牌自行车，80 年代的黑白电视机，90 年代的“大哥大”……这些富有时代色彩的旧物总能引出记忆中的某个生活场景、那些模糊却深刻的动人故事。很多旧物虽然现在的使用功能已经被新的换代产品所取代，但是其引发联想的装饰功能被设计者关注，旧物的再设计是循环经济的重要举措，对旧物的改造设计给灯饰设计带来新的思路。图 2-31 和图 2-32 为缝纫机和老式转盘式电话改造后的灯饰，有很浓的怀旧意味，装饰性强。

十一、编织法

编织是一种独特的加工艺术，形态多样，可利用材料种类丰富。线编、竹编是人们所熟悉，曾经仅出现在服饰、生活器具上，如今在灯饰上的跨界使用给灯饰注入了新的活力。图 2-33 的疏密结合的编织花样丰富了球形灯罩的纹理，透过球形灯罩散发的灯光十分温馨。图 2-34 的编织使灯饰的感情更细腻。

▲图 2-31

▲图 2-32

▲图 2-33

▲图 2-34

▲图 2-35

▲图 2-36

十二、绿植装饰法

绿色植物是家居空间中最纯天然的装饰品，清新养眼的绿色让生活充满情调。将绿色植物作为灯饰造型的一个主要元素是一种新的创意和想法，符合当前生态、健康的理念。在将绿色植物运用到灯饰创作时需要注意植物的配置，包括植物的种类是否有良好的视觉形态，是否能够维持一定的生长周期，是否能融入灯饰的整体风格。图 2-35 的灯饰选择绿色植物有大的叶片垂落包裹住每个小的光源，观者不会直视光源，产生眩光。偶发的自然形态使每个小光源各有随意自然，但整体的布局又具有韵律美，随意而不凌乱，绿色植物和白色基座的配色清新、纯净。图 2-36 的整个灯饰仿生一个花簇，光源为螺旋扭曲的灯管，寓意花簇中绽放的花朵，而加入绿色植物簇拥着光源使造型越发的生动。

第三节 灯饰设计程序

无论是艺术创作还是艺术设计都应该有一套完整的设计程序。每个设计师都应该养成良好的设计习惯，按照设计程序来进行设计。科学、合理的设计程序能保证有效地完成灯饰设计。

一、市场调查与分析

调查分析是设计的第一步，即全面地了解灯饰设计各方面的信息，做到深入仔细的调研和研究，对调查的内容进行归类分析。其内容有灯饰的使用场景、风格定位、照明要求、照明种类、材料特点、造型结构、用途、同类灯饰特点、灯饰的期望、要求与设计的目的。调查研究越深入、越仔细，对后续的设计越有帮助，同时，调查的结果也是一切设计的依据。

市场调查有多种方法，如观察法、询问法、数据表格统计法、实地调查法、个案调查法、抽样调查法、全面调查法、网络资料搜集分析法、文献和图片搜集整理法、问卷法等。研究分析的方法也多种多样，如归类法、汇总法、列表法、设问发、类比法、演绎法等。采用何种方法要根据具体的产品具体分析，但在设计前，必须把所需的信息资料收集全面，并进行分析、剖析和合理的推理，做到有的放矢。

二、构思创意

通过调查和收集资料，进行整理、分析、研究、推理、确定设计定位，明确设计目的，即可进行构思。构思的过程其实是一个思路展开的过程，是提炼、凝结感受的过程，也是形象化、可视化、具体化设计条件的过程。这个过程可以概括为设计主题形象（抽象的）—视觉分析—视觉语言化—构成元素—构思—草图方案，如图 2-37 和图 2-38 所示。

三、完成方案设计

由构思开始直到完成设计模型，经过反复研究与讨论，不断修正，才能获得较为完善的设计方案。设计者对于设计要求的理解，选用的材料、结构方式以及在此基础上形成的造型形式，它们之间矛盾的协调、处理、解决，设计者艺术观点的体现等，最后都要通过设计方案的确定而得到全面反映。设计方案应包括如下几个方面的内容：①以灯饰制图方法表现出来的三视图，剖视图、局部详图和透视效果图，如图 2-39 所示。②设计的文字说明。③模型，如图 2-40 所示。

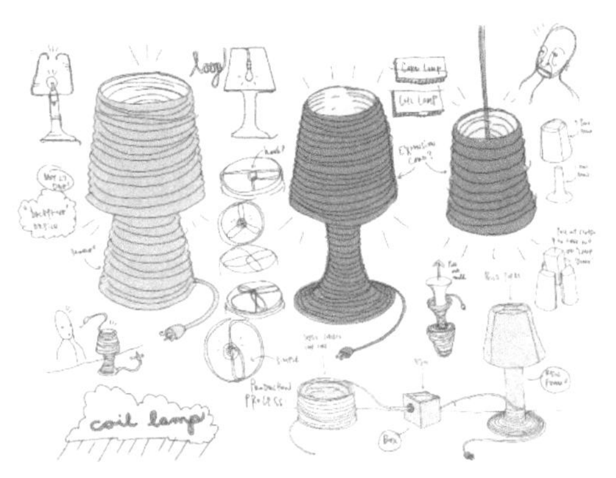

▲图 2-37

▲图 2-39

▲图 2-40

▲图 2-38

3 第三章

灯饰的照明设计

灯饰区别于其他家具、家居产品的最大不同是灯饰和照明设计有着密切的关系，可以说灯饰设计就是光环境下的艺术设计，光照的强度、光色、角度、位置诸多因素都影响这灯饰功能的发挥及美的体现。

第一节　灯饰光源

一、光源的分类

光源包括自然光源和人造光源。自然光源包括日光、月光、火光、矿物光等；人造光源包括烛光、火炬、电灯等，所有通过人的行为而得到的光，都可以称为人造光源。

灯饰设计所利用的光源主要为电灯，品种主要有白炽灯、卤钨灯、荧光灯、高压放电灯、高压汞灯、金属卤化物灯、钠灯、氙灯、复合灯、霓虹灯、LED 灯等装饰光源。

白炽灯是由支撑在玻璃柱上的钨丝以及包围它们的玻璃外壳、灯帽、电极等组成，白炽灯的发光原理是当电流通过钨丝时，钨丝热到白炽化而发出可见光。温度达到 500℃左右，开始出现可见光谱并发出红光，随着温度的增高由红色变为橙黄色，最后发出白色光。白炽灯有高度的集光性，便于光的再分配；辐射光谱连续，显色性好；白炽灯发出的光与自然光相比较呈橙红色，是一种暖色调的光源。

卤钨灯是白炽灯的一种特例，有碘钨灯和溴钨灯，与一般的白炽灯相比，优点是体积小、效率高、功率集中，因而可以使灯饰尺寸缩小，便于光的控制。

荧光灯是一种预热式低压汞蒸气放电灯。灯管内充有低压惰性气体氩及少量水银，管内壁涂有荧光粉，两端装有电极钨丝。荧光灯有三种光色，月光色与微阴的天空光相似，接近自然色；冷白色与日出 2 小时以后的太阳直射光相似，白色光效较高，光色柔和，使人有愉快、舒适、安详的感觉；暖白色与白炽灯近似，红光成分多，给人以温暖、健康、舒适的感觉。荧光灯有霎光效应，不能频繁开闭，启动次数对灯管寿命有很大影响。荧光灯还受温度影响，在低温下开启困难。

高压放电灯的工作原理是电流流经一个充

有高压气体的装置，并在小放电管内经过放电而产生可见光。

高压汞灯又叫高压水银灯，它的光谱能量分布和发光效率主要由汞蒸气来决定。汞蒸气气压低时，放射短波紫外线强，可见光较弱；当气压增高时，可见光变强，光效率也随之提高。高压汞灯光色为蓝绿色，与日光的差别较大。

金属卤化物灯饰由一个透明的外壳和一根耐高温的石英玻璃放电内管组成。壳管之间为氢气或惰性气体，内管中为惰性气体。卤化物在灯泡的正常工作状态下，被电子激发，发出与天然光谱相近的可见光。

氙灯光色很好，接近日光，显色性好。

复合灯是由内壁涂有荧光粉的玻壳与钨丝串联在一起的汞放电管及惰性气体组成。灯丝既起放电灯的镇流器作用，又稳定了灯管电流。复合灯不再需要其他镇流器，同白炽灯一样，可以直接接入线路使用。复合灯的效率和寿命是白炽灯的 2 ~ 5 倍。

霓虹灯又称氖气灯，也叫年红灯。霓虹灯不能作照明光源，一般用于装饰照明。

LED 是英文 Light Emitting Diode(发光二极管)的缩写，它的基本结构是一块电致发光的半导体材料芯片，用银胶或白胶固化到支架上，然后用银线或金线连接芯片和电路板，四周用环氧树脂密封，起到保护内部芯线的作用，最后安装外壳。LED 灯的特点是节能、寿命长，适用性好，灵活性大，目前很多有创意的灯饰采用 LED 灯。

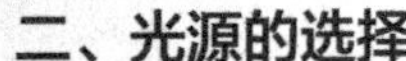

二、光源的选择

1. 按照照明要求选择光源

不同场所对照明的要求也不相同，如美术馆、商店、酒店、博物馆等场所的照明需要有较高的显色性能，应选用平均显色指数 Ra 值不低于 80 的光源。对于光环境舒适程度要求高的场所，当照度小于 100Lx，最好选用暖色光源；当照度在 200Lx 以上时，最好选用中间色光源。

频繁开关光源的场所宜采用白炽灯或卤钨灯，不宜采用高压气体放电灯。

需要调光的场所宜采用白炽灯或卤钨灯。

室内应急照明和不能中断照明的重要场所（如宴会厅、会议厅），不能采用启燃与再启燃时间长的高压气体放电灯。

美术馆、博物馆的展品照明不宜采用紫外线辐射量较大的光源，如金属卤化物灯和氙灯。

要求防射频干扰的场所应慎用气体放电灯，一般不宜采用具有电子镇流器的气体放电灯。

高大空间的场所，如大型会场、展厅、体育馆等，应选用高强度气体放电灯。

办公室、一般工作场所等视觉对象较稳定而照度要求高的场所，宜采用荧光灯。

2. 按环境条件选择光源

环境因素常常限制一些光源的使用，这就要求设计师要考虑选择环境许可的光源。

3. 按经济合理性选择光源

首先要考虑一次性投资，可选用高光效的光源，以减少所需光源的数量，还要考虑电器设备、材料数量、安装工艺及材料的市场价格等。

4. 按照灯饰造型的需要选择光源

不同的光源呈现的光源色调有差异，有暖色光和冷色光，造型时可以根据主题、风格选择光源类型。另外，不同的光源本身形态有差异，有的是灯泡，有的是灯珠，有的是灯带，造型时可结合灯饰整体造型选择。例如，目前国外灯饰创意里很多直接体现灯泡的原有造型，在灯泡造型的基础上创作。

第二节 灯饰照明质量

通过分析人的视觉现象，我们得出这样的结果，在室内环境中必须有足够的光照，才能满足高效率、安全舒适的工作和生活。要达到满意的光环境，一方面要从人的生理功能进行研究，另一方面还要从人的心理要求进行研究。

一、照度

光的照度是指由光源发出的光束（即从灯发出的光的总量）照射到被照物体单位面积上的光通量，单位为勒克斯（Lx）。确定照度依据的是工作、生产的特点和作业对视觉的要求。具体来说有三个方面，一是被照对象的大小，即工作的精细程度；二是对比度，即被照对象和所在背景之间的亮度差，差值越小则清晰度越低，而两者差值与对比度成正比，因此看清对象需要高的照度；三是在视觉方面，照度直接影响视觉的准确度，人眼以工作的精细度和速度分等级，要求越高，照度越高，还有视觉的连续性，即观看时间的长短，被照对象的静止或运动状态，视距的大小，观看者的生理因素等。

二、亮度

光的亮度是指发光体（或反光体）表面发出（或反射出）的光的强弱的物理量，单位是坎德拉（cd/m^2）。亮度具有“黑限”和“亮限”两个范围，视觉上的眩光正是后者的具体表现，而介于二者之间范围内的亮度就是我们正常能接受的舒适亮度。

光的亮度设计是整个光环境设计过程中的重要一环，与光的照度设计一同进行。同样的照度条件下，被照物体的表面会因其材质对光的反射比不同而造成亮度的不同。在家居环境中，墙面的最佳亮度值为 50 ~ 150 cd/m^2，顶棚的最佳亮度值为 100 ~ 300 cd/m^2，最佳工作区的亮度值为 100 ~ 400 cd/m^2，梳妆区的最佳人脸亮度值为 250 cd/m^2，需要注意的是易产生眩光的亮度值为 2000 cd/m^2。以室内客厅空间的照明为例，在进行合理的照度设计之后，亮度设计将对整个光环境做必要的补充和调节，各类灯饰与墙面、吊顶及家具之间相互作用，从而营造个性舒适的照明效果。

三、立体感的表现

照明的目的是使人能够看清室内的物体和色彩，如果我们合理布置光源，调整光照角度，创造一个合理的光环境，就能够使人更加清晰、舒适地看清室内的结构、人的特征、物体的形状，就会加强人对室内情况的正确了解。

当照明来自一个方向时，会出现不紊乱的阴影，这种阴影对形成强烈的立体感有关键作用，但是照明的方向过于单一则会产生令人不愉快的强烈明暗对比和生硬的阴影。照明方向性也不能过于扩散，否则物体各个面的照度一样，立体感也会消失。

为了得到合适的立体感，要求垂直面上的照度与水平表面上的照度比最小为 1 ∶ 4。

四、眩光

眩光，是指视野内出现过高亮度或过大的亮度对比所造成的视觉不适或视力降低的现象。眩光有两种形式，即直射眩光和反射眩光。由高亮度的光源直接进入人眼所引起的眩光，称为“直接眩光”；光源通过光泽表面的反射进入人眼所引起的眩光，称为“反射眩光”。根据其产生的原因，可采取以下办法来控制眩光现象的发生。

① 限制光源亮度或降低灯具表面亮度。对光源可采用磨砂玻璃或乳白玻璃的灯具，亦可采用透光的漫射材料将灯泡遮蔽。

② 可采用保护角较大的灯具。

③ 合理布置灯具位置和选择适当的悬挂高度。

④ 适当提高环境亮度，减少亮度对比，特别是减少工作对象和它直接相邻的背景间的亮度对比。

⑤ 采用无光泽的材料做灯具的保护角。

五、显色性

光源的种类很多，其光谱特性各不相同，因而同一物体在不同光源的照射下，将会显现出不同的颜色，这就是光源的显色性。

研究表明，色温的舒适感与照度水平有一定的关系，在很低的照度下，舒适的光色是接近火焰的低色温光色；在偏低或中等照度下，舒适光色是接近黎明和黄昏的色温略高的光色；而在较高照度下，舒适光色是接近中午阳光或偏蓝的高色温天空光色。

第三节　不同环境的灯饰照明需求

一、明确照明设施的目的与用途

进行照明设计首先要确定此照明设施的目的与用途，是用于办公室、会议室、教室、餐厅，还是舞厅，如果是用于多功能房间，还要把各种用途列出，以便确定满足要求的照明设备。

二、光环境构思及光通量分布的初步确定

在照明目的明确的基础上，确定光环境及

光能分布。如舞厅，要有刺激、兴奋的气氛，要采用变幻的、闪耀的照明；如教室，要有宁静舒适的气氛，要做到均匀的照度与合理的亮度，不能有眩光。

三、照度的确定

灯饰提供的照度需要达到一定程度或者具体到一定的量化标准才能满足人们日常生活的需要。要满足照度的要求，就应根据工作、生产的特点和作业对视觉的要求来确定相应的照度。一般而言，居室空间到底适用何种灯饰照明，首先，家居环境各区域应有合适的照度要求。不同使用目的的居室功能区域，均有其合适的照度来与之配合。例如：客厅所需照明照度是 150 ~ 300 Lx；一般书房照度为 100Lx，但阅读时所需要的照度则是 150 ~ 300 Lx。对于居室环境而言，只有保持合适的照度，才能最大限度提高人们和学习效率。在过于强烈或过于阴暗的光线照射环境下工作和学习，对眼睛都是不利的，见表 3-1 所示。

四、照明方式的确定

1. 照明方式的分类

（1）一般照明

一般照明指全室内基本一致的照明，多用在办公室等场所。

一般照明的优点是：①即使室内工作布置有变化，也无须变更灯具的种类与布置。②照明设备的种类较少。③均匀的光环境。

（2）分区的一般照明

分区的一般照明是将工作对象和工作场所按功能来布置照明的方式。而且用这种方式照明所用的设备，也兼作房间的一般照明。

分区的一般照明的优点是：工作场所的利用系数高，由于可变灯具的位置，能防止产生使人心烦的阴影和眩光。

表 3-1　家居室内灯饰照明的照度标准

类别		照度标准值 /Lx			备注
		低	中	高	0.75m 水平面
客厅 / 卧室	一般活动区	20	30	50	0.75m 水平面
	书写 / 阅读	150	200	300	0.75m 水平面
	床头阅读	75	100	150	1.5m 水平面
	精细作业	200	300	500	0.75m 水平面
餐厅、厨房		20	30	50	0.75m 水平面
卫生间		10	15	20	0.75m 水平面
楼梯间		5	10	15	地面

（3）局部照明

在小范围内，对各种对象采用个别照明方式，富有灵活性。

（4）混合照明

上述各种方式综合使用。

2. 照明方式的选择

一般来说，对整个房间采取一般照明方式，而对工作面或需要突出的物品采用局部照明。例如，办公室往往用荧光灯具作一般照明，而在办公桌上设置台灯作局部照明；又如展览馆中整个大厅是一般照明，而对展品用射灯作局部照明。因此房间用途确定，照明方式也就随之确定。

第四节　灯饰设计的照明创意

一、运用不同的光色

人眼会以基本光色为基准确定色彩的感觉。用相同光色照射的对象，处于相同光的色阶中，所以颜色会显得自然。相反，用不同的光色照射物体并进行比对，由于与基准光色显现的不同，便产生了不一样的感觉。

二、光源和灯饰材料光色相符

虽然没有一种材料只能确定一种光色这样的法则，但适合于每种材料的光色种类还是有一定的限制的，因此，在选用前需要了解。一般而言，3000K 左右的白炽灯泡光色会使材料显得温和，并且突显红色系的色调。超过 4200K 的白色光会使材料有冷酷刚硬的印象。因此，红色成分较多的木材和暖色系的石材，适合用温暖的光色进行搭配；透明的水晶、玻璃、金属、混凝土等一般用白色光衬托其材质感。然而，因为取得空间整体色调的平衡是非常重要的，所以不可能对每种材料的光色都具体确定，需要在整体概念中选用基础光色。

三、光照完美表现材料凹凸感

具有凹凸阴影特征的材料，所呈现出来的效果好坏全在阴影。为了得到满意的效果，最好先取得样品，用假设的方法观察从各个角度和距离在样品上所营造的实际阴影。灯光的照射角度和手法不同，有时也会产生出惊人的阴影表现效果。

四、发挥玻璃的透光性

众所周知，透明玻璃是一种透光的材料，但并不是单纯的透明体。以接近垂直于玻璃面的角度（大角度）入射光线，几乎全部能透过玻璃棉的角度；可是，以小角度入射的光线，大部分都会被反射而不会投射。如柱状灯饰光源从上方照射，光线就会落到玻璃灯罩内侧，内侧会比外侧更加明亮，产生出像灯光被蓄积一样的效果。

第五节 灯饰照明设计的发展趋势

一、追求光源上的高效节能

环保是未来灯饰与照明设计的首要任务。照明节电，可减少环境污染。节能和环境保护是人们普遍关注的社会问题，直接关系到可持续发展的问题。在灯饰与照明设计中对节能和环保的重视程度会不断加强。

不同的光源有不同的光色，所产生的环境气氛及其表现的环境艺术效果也不一样。光源与黑体的颜色相同时，该黑体的温度就称为光源的色温。黑体温度在 800 ~ 900K 时其颜色为红色，在 3000K 时为黄白色，在 5000K 时为白色。在居室装饰设计中常用的光源，如节能灯的色温一般在 2700 ~ 6500K，2700K 为暖色光，颜色发黄，光线比较柔和；6500K 则为冷色光，颜色发白；白炽灯的色温为 2878K，为暖黄色；蓝白色荧光灯的色温为 6500K。不同的色温由于色彩的心理效应还会带给人不同的心理感受，红、橙、黄色为低色温等暖色系光源，给人以热情、温暖、兴奋、动态之感。相反蓝、绿、紫色的高色温冷色系光源，能给人以宁静、凉爽、幽雅、安详之感。不同的居室氛围要根据实际活动内容选用相应的色温，比如书房，读书采用色温较高的冷光源照明，可创造宁静、幽雅的环境，能够提高注意力和工作效率。在卧室中，如果采用暖色光照明，可以营造出温暖、和睦、愉悦的气氛，而采用蓝色、绿色等冷色光照明，表现出的则是宁静、高雅、清爽的格调。光色对家具环境色彩以及整体的色调倾向也有一定影响，对表现居室的主题、丰富家居环境色彩、表现家居环境氛围有一定的辅助作用。如红色表现热烈，黄色表示高贵，白色表示纯洁等。空间的氛围会因光色的不同而变化。对光色的选择需要根据居室不同用途、环境和装修风格来定。如利用可变化或可调节色彩的灯饰以及各种聚光灯可使室内的气氛变得生动、活跃。

二、关爱老年人和儿童的灯饰与照明设计将进一步发展

随着人们生活的不断改善，医疗技术的不断进步，社会的老龄化成为必然，关爱老人、照顾儿童已是社会的重要任务之一。对老年人的研究将更加深入，如老年人视觉特性，老年人活动环境的照明标准、照明方法，照明器材的设计等。灯饰与照明设计工作者将对老年人的灯饰与照明设计开展研究，为老年人创造一个良好的采光照明环境，让老年人“老有所养，老有所教，老有所学，老有所为，老有所乐”。

三、照明设计理论从理性走向感性

长期以来，照明设计一直是以照明的照亮度、均匀度、立体感、眩光、显色性指数和物体的颜色参数等物理量为标准进行设计和照明效果的评价。随着经济的发展，人们的物质与精神生活水平的提高，对照明环境不仅在数量指标方面应达到标准的要求，而且更希望在一个舒适、明亮并富有艺术魅力的照明环境里工作和生活。大量的视觉试验成果表明，在实际环境中照明质量似乎控制着数量，并决定着感觉的评价。因此，我们的设计和研究重点也应向体现人和环境相互关系的非定量评价照明质

量方向发展。

一个优秀的灯饰与照明设计既要满足科学实验已验证过的量化指标要求，也要充分考虑影响照明质量的非定量因素。英国 Loe 博士提出的人对整个光环境总体效果评价的设计战略，也就是综合考虑人的视觉特性、舒适感、建筑和照明艺术及节能等因素，从光文化高度，以人为本，把艺术和科学融为一体，最后求得高水平、高质量和高效能的照明效果。

四、智能化灯饰与照明设计将飞速发展

美国著名的未来学阿尔温·托夫勒（Alvin Tofler）先生在《未来学家谈未来》一书中，他系统地分析了当今社会，指出人类正处在一个无声的以计算机和通信技术为代表的住处革命过程之中。这场革命对整个人类社会的重大影响将远远超过由于蒸汽机的发明而出现的动力革命。

信息化时代的到来使得世界变小，技术沟通更为迅捷，灯饰与照明设计将向国际化方向发展，信息行业和计算机软行业的无限扩大，大批“智能化建筑”不断出现，特别是智能办公大厦的出现，使建筑要求与设计方法产生了根本的改变。灯具与照明设计部分也在发生深刻的变化。“智能照明”技术迅速发展，必将成为未来灯饰与照明设计的一个重要发展趋势。智能灯饰设计、智能照明设计，在计算机硬件与软件不断进步的明天，必然会更加快速、更加便捷。虚拟现实的技术可以更为准确，更为合理地预测灯饰与照明设计的科学性，使得灯饰与照明设计更为人性化。

4 第四章

灯饰的造型设计

灯饰造型设计的好坏不仅决定着产品在市场竞争中的成败，而且影响到人们在家居生活中的舒适度和满意度。随着我国社会经济的迅速发展，人们的经济水平和生活方式发生了翻天覆地的变化。灯饰造型设计经历了由“功能主义”至21世纪的“以人为本”，以及重视人的“情感化”设计的转变，功能需求不再是产品设计的决定性内容了。灯饰造型设计的过程是一个复杂的系统过程，其中照明技术、材料、加工工艺、配件市场、消费者的诉求等方面都影响着灯饰造型设计的发展。所以，灯饰造型设计也是“带着镣铐的舞蹈”。

第一节　灯饰造型设计的形式美学法则

一、统一与变化

统一和变化是相辅相成的关系。任何设计，都要把形式上的变化和统一完美的结合，在变化中求统一，在统一中求变化。

1. 统一

统一，是指同一造型要素在物体中的多次出现，重复是统一的重要形式之一。相同或者相似的形状、色彩按照一定的规律来排列和组合，形成了排列整齐的秩序美，使整个造型达到统一、和谐的美感。比如有的灯饰是通过标准件的组合排列来实现造型的，这些灯饰不仅给人使用的趣味，而且通过某种规律的叠加增加了整体的秩序感，使人感到条理、平静、韵律之感。图4-1所示的水晶灯灯罩是通过大小相同的水晶花片按规律组合围合而成的，统一的排列组合使灯罩有韵律之美。

2. 变化

变化，是指在比较有秩序的造型群体中，有个别的特异现象，这个特异的形象就会被明显地突出出来。变化也就是在局部的范围内破坏整体的秩序和规律，使得这个局部格外引人注意，通常是造型的视觉中心。变化主要指灯饰形、色、质的差异，即形的大小、方圆、方向以及排列组合的方式。色彩的差异，即色彩的冷暖、明暗；质地的差异，即材料表明的明暗、肌理。由此产生的变化能引起人们的视觉和心理上的共鸣，打破单调，刻板乏味的感觉，而感觉到自由、活跃、生动，从而唤起人们的兴趣。变化是产生心理刺激的源泉。图4-2所示的竹编灯饰上部框架的底部采用平边，而下部的半圆弧则采用波浪交叉形状，打破了整体的重复，

▲图 4-1

▲图 4-2

增加了造型的灵动和趣味性。

然而，统一和变化都有一个度的问题。过度的强调统一，会削弱形式的美感；过度的强调变化，则会造成整体的凌乱。要做到“统一中求变化，变化中求统一”，无疑就是在统一的前提下，运用美学法则，创造出多个变化、生动、活泼的形态，但至少要保持每个模块或单元形态统一，在变化设计中至少有一个元素与主调相呼应，就能达到格调一致的效果。

二、比例与尺度

古希腊毕达哥拉斯学派认为“美是和谐，是比例”。比例是一个物体与另一个物体或整个物体本身整体与部分及部分与部分之间的数比关系。简而言之就是物体或构件长短、粗细、薄厚、深浅、大小、高低等数比关系是否适度的问题。比例的形成是造型的结构方法、尺度和其他构成其规律特点的要素之间相辅相成的表现结果。适宜的比例需要综合考虑灯饰使用的功能要求、技术条件、材料特性、结构种类、时代特征等因素，然后再结合人们对各种造型的欣赏习惯和审美爱好而形成。

尺度则是造型局部大小同整体及周围环境特点的适应程度。尺度感是人们在长期生活实践中，在经验积累的基础上形成的，是与人体或与人所熟悉的零部件或环境相互比较所获得的尺寸印象。合适的尺度具有使用合理、与人的生理比例相适应、感觉和谐、与使用环境相协调的特点。

现代灯饰的设计由本身选择的设计元素之间各个维度的比例关系，元素在整体灯形中的比例关系，以及整个灯体横向和纵向与使用的场合及环境的关系决定整个灯具的比例和尺度是否合适。在现代灯饰设计中，首先要解决的是尺度问题，然后才能进一步思考、推敲其比例关系。为保证产品符合使用要求，并达到良好的视觉效果和心理感受，整体与环境及使用者之间也必须形成合理的尺度，各部分的比例也必须良好、合适。灯饰设计中比例与尺度问题应该综合、统一地加以研究。二者之间的协调统一才是创造完美造型产品形象的必要条件之一。对于现代灯饰设计而言，必须根据当前社会审美习惯与趋势，结合各类别灯具的功能、使用环境、人际和谐等方面因素的要求，推敲出灯具整体与局部、局部与局部以及整体或局部自身的尺寸比例关系，使其形态具有良好的比例和正确的尺度。图 4-3 所示的灯具是由

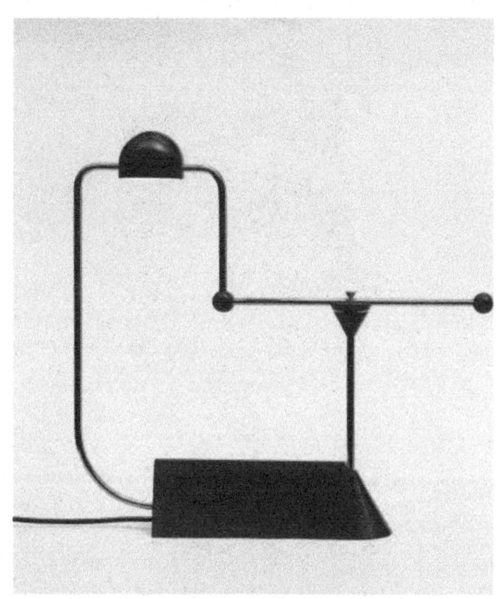

▲图 4-3

荷兰设计工作室 Odd Matter 打造具有电子电路结构风格的现代灯具，命名为 NODE 灯具，灯饰造型的亮点就体现在比例和尺度，像电子电路板，用工科生的思维打造出的优雅灯具。

不同的灯具在不同的使用环境下，要与环境关系融洽，就必然存在一定的比例关系。如居室里的吊灯，其造型的高宽比有 1 ∶ 2、1 ∶ 3、1 ∶ 4、1 ∶ 5 等几种。房间的高度比宽度大时，灯具的整体宽度要大些。当室内的宽度大于高度时，灯具的宽高比多为 1 ∶ 1、2 ∶ 3，这个比例适合于客厅、工作室或卧室。同时灯饰作为一个独立的产品展现，更重要的是其本身的比例是否协调。怎样的比例才是真正美的比例，并没有一个公式化的论断。相对而言，根据人们在长期的产品使用中，产品比例接近黄金分割比能更加取悦于人。现代灯饰的比例主要包括数字比例、无公约数的比例、模度系统。

数字比例：在现代灯饰设计中，通常情况下，我们利用一些辅助设计的软件进行设计比例细化时，各部分线段的长度以及一些面的分割通常都与一个基本数字或具有肯定外形为基础有关系。整数比的形式可以是整数比的简单融合，也可以是分数形式的配合。整数比的优点是比较容易符合韵律和节奏变化的形体之间的配合，但是如果使用不当是容易显得呆板。在一些中国传统的灯具设计中使用较多。

无公约数的比例：无公约数的比例需用几何作图方法才能取得，其中最常用的为黄金分割比、平方根矩形和系列正方形。黄金比是将一个线段分割成 a（长段）和 b（短段）两段时，即 a/a+b=b/a=0.618，其中 0.618 是约数，如果用几何作图，即可取得边长比为 1 ∶ 1.618 的准确的黄金矩形。平方根矩形是以正方形一边和对角线作矩形，并不断以对角线继续作矩形得出的系列平方根矩形。系列正方形是前一个正方形内接圆，圆中再根据对角线内接正方形，如此连续可面积逐渐缩小二分之一的正方形系列。

模度系统：柯布西耶提出的由黄金分割比引申出来的体系。用这个比例尺可以比较方便地把黄金比用在设计中，设计中的线段比就必然符合黄金比的模度。模数是一种度量单位。美的造型从整体到部分，从部分到细部都由一种或若干种模数推衍而成。比较简单的模度系统设计是“网络法”，也就是在几何网格中，通过制图取得各种线段，那样，几何网格的模度就可以控制全部线段的尺度，从而找到取悦于人的比例。

三、对比与调和

对比与调和是对立统一规律在造型设计中的体现。对比，是指形象之间的差异，这种差异就使得灯饰造型设计的形式表现出多种变化。灯饰造型设计的变化越丰富，就越能吸引更多的消费者。但是，造型的变化是要有限度的，变化过多，会导致造型的差异过大，使人产生凌乱的感觉。各个造型之间的整体秩序被打乱，造型的美感就无从谈起。这就要求整体造型的统一，而调和是造型统一的方法和手段，整体造型的调和才能增加造型的整体美感，使产品造型乱中有序、动中有静。

▲图 4-4

1. 对比

对比是多方面的。在灯饰造型设计中，包括大小的对比、长短的对比、质量的对比、色彩的对比、材质的对比等。此外，还有灯饰造型的空间对比，包括疏密关系的对比、主次关系的对比，以及视觉中心与次要部分的对比等。对比关系处理好了，能使造型丰富多彩。

▲图 4-5

2. 调和

调和，是指在两个或多个构成要素的对比中，找到要素之间统一的因素，使造型的各个构成要素之间具有一定的联系，并且起到互相配合的作用，使造型整体协调。在灯饰造型设计中，可以通过渐变的形式或增加差异造型之间的近似造型来进行调和。这样就可以增加造型的一致性和整体性，达到比较好的美感效果。调和包括形状和色彩的调和。

3. 对比与调和的具体形式

（1）灯饰形状的对比与调和

台灯造型设计中，台灯灯罩、支架和底座三个主要部分的造型往往形成较强烈的对比，比如锥形的灯罩和圆环的底座之间的对比，经常通过两者之间的支架进行造型上的圆滑过渡来调和二者的对比，使产品的整体造型稳重、和谐如图 4-4 所示。

（2）灯饰材料质感对比与调和

台灯材质的运用比较多样化，不同材质间的对比是台灯造型设计常用的手法之一，对比会产生强烈的感染力，给人以丰富的视觉和心理感受。材质的调和则常用材料使用的面积变化和材料的表面处理来调和不同材质过于强烈的对比。比如，水晶台灯的设计往往由水晶和金属两种材质组成，金属材质一般都用电镀的

▲图 4-6

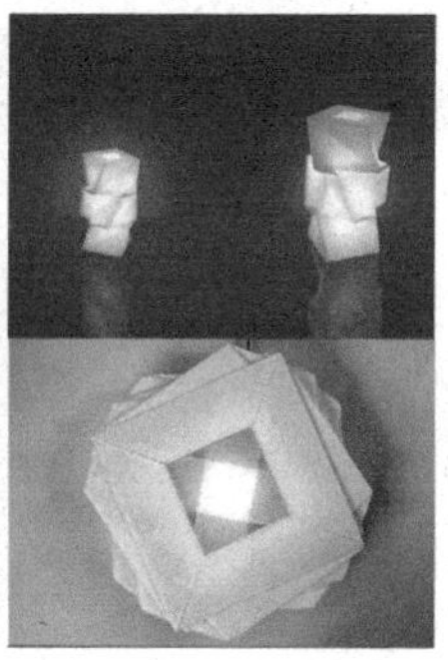

▲图 4-7

▲图 4-8

表面处理手段。这样，水晶可以反射灯光和金属的光泽，同样，电镀的金属材质也可以反射水晶的绚丽影像，最后达到“你中有我，我中有你”的统一调和的美感，如图 4-5 所示。

四、对称与均衡

欧文·琼斯在《原理》一书中说：“美的实质是一种平静的感觉，当视觉、理智和感情的各种欲望都得到满足时，心灵就能感受到这种平静。”著名的意大利文艺复兴建筑师帕拉第奥曾说过：“美产生于形式，产生于整体与各部分之间的协调，部分之间的协调。”

1. 对称

对称是均衡的最完美的形式。灯饰是由一定体量和不同材质组成的物体，常表现出一定的体量感。另外，灯饰在使用的过程中常常被移动或调节照射的角度。所以在灯饰设计时，处理好灯饰造型的均衡和稳定的关系就显得极为重要。灯饰的均衡是灯饰横向的左右前后的体量关系，稳定则是灯饰上下整体的轻重关系。例如，台灯的基本形状是一个细长的方形，一般而言，台灯的底盘需要一定的质量和大小来维持灯体的稳定，或者通过降低灯体重心的方式来增加台灯的稳定感。此外，色彩的不同也常常体现一定的质量感，比如深色、低纯度、低明度的颜色就比较重，浅色、高明度、高纯度的颜色则比较轻。

（1）轴对称　即事物形体的左右、上下各方完全一致，在轴线处折叠后，双方完全重合，如物体与水中的倒影，如图 4-6 所示。

（2）旋转对称　即将轴对称的造型绕对称轴上的某点旋转所得到的形象，如图 4-7 所示。

（3）螺旋对称　即将非对称的形象绕某中心点旋转所得到的一种对称形式，如图 4-8 所示。

对称形象具有一种定性的统一形式美，能给人带来庄严和稳重的美感，而如果处理不当也会使人产生呆板和单调之感，因而在造型的形态布局上有时要与均衡结合起来运用。

2. 均衡

均衡，是指灯饰整体造型的安定、平稳。自然界中的星系、天空、陆地、海洋、人、动植物的形态，无论大小或有无生命，都呈现出均衡的状态，这也是自然界的美学法则之一。事物在运动和发展的过程中，经常会出现不稳定的状态，而事物的本能总会调节这种不平衡的状态，进而达到新的平衡。稳定，则是均衡

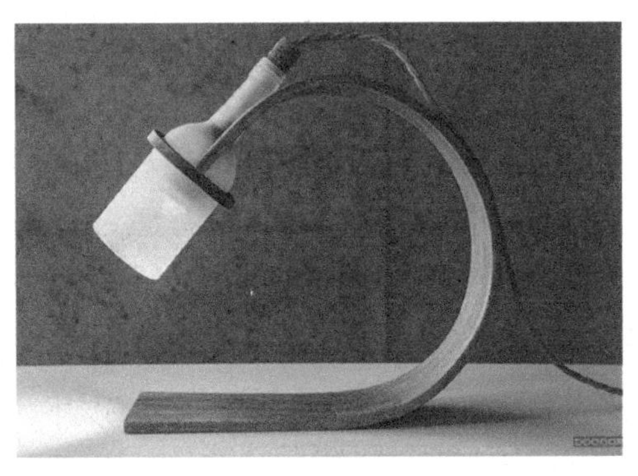

▲图 4-9

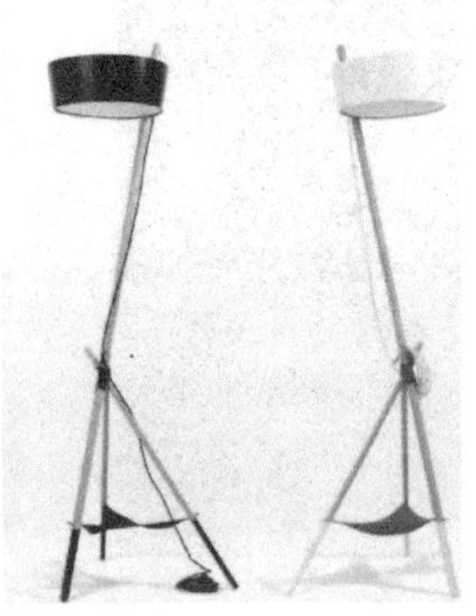

▲图 4-10

▲图 4-11

的目的，只有均衡的造型才能给人以平和、稳定的感受。均衡和稳定是灯饰造型的重要法则之一。灯饰的均衡有静态均衡、动态均衡、动静结合三种方式。

（1）静态均衡

静态均衡主要是通过中心轴对称的方式达到稳定，这种等质量的均衡具有庄严、安静、严肃的感觉。

（2）动态均衡

动态均衡是指非对称、不等质量的均衡方式，一般通过降低重心、增大底面积、改变色彩的轻重感的方法来达到稳定，这种平衡形态具有活泼、生动、轻快的特点，如图 4-9 所示。

（3）动静结合

有的灯饰通过调节方向和角度可达到动态平衡和静态平衡两种状态，这种动静结合的台灯充满了使用的乐趣。

利用均衡法造型，在视觉上会给人一种内在的、有秩序的动态美。它比对称更富有趣味和变化，具有动静有致、生动感人的艺术效果。正因为这样，均衡是造型设计中广泛采用的形式美法则。但是，均衡的重心却不够稳定、准确，视觉上的庄严感和稳定程度，仍然远远不如对称造型，因而不宜用于庄重、稳定和严肃的造型物，如图 4-10 所示。正因为这样，对称与均衡这一形式美法则，在实际运用中往往是同时使用对称和均衡。例如，在总体布局上是对称的，而局部中采用了均衡；在总体布局上是均衡的，而局部中采用了对称；产品造型采用对称形式，但在色彩设置、装饰布局中则采用了均衡的法则等。总之，对于对称与均衡这一形式美法则的运用，要特别注意综合全局，灵活多样，以便使产品在视觉上能产生出活泼感和美感。这是设计者不能忽视的。

五、稳定与轻巧

稳定与轻巧是在研究物体重力的基础上发展而来的形式美学形式。自然界中的静止物体，在地球引力的作用下，若要保持一种稳定状态，靠近地面部分往往大而重，上面部分则相对小而轻。这说明稳定是指造型物之间的一种轻重关系，这种关系就是力学平衡和安定的原则。轻巧是指造型物上下之间的大小轻重关系。

稳定很大程度上体现出静止、平稳；轻巧一般则显示出运动和轻盈感。稳定与轻巧虽反映物

理学的性质，但同时也体现出形式美学的关系。

1. 稳定

稳定包含两个方面因素：一是物理上的稳定，是指实际物体的重心符合稳定条件所达到的安定，是任何一件工业产品所必须具备的基本条件。物理上的稳定是使产品具有安全可靠感。物理稳定是视觉稳定的前提，属于工程研究范畴。二是视觉上的稳定，即视觉感受产生的效应，主要通过形式语言来体现，如点、线、面的组织，色彩、图案的搭配关系，不同材料的运用等，以求视觉上的稳定，属于美学范畴。图4-11中灯饰上面部分的主体造型为枯木的自然形态，下面部分则采用金属的立方块，具有视觉的稳定性。

2. 轻巧

轻巧是指在稳定基础上赋予活泼、运动的形式感，与稳定形成对比。需要注意的是，轻巧在基本满足实际稳定的前提下，可以用艺术创造的手法，使造型给人以灵巧、轻盈的美感。如果说稳定具有庄严、稳重、豪壮的美感，那么轻巧具有灵活、运动、开放的美感。图4-12为仿生蘑菇云发生的偶发形态，采用合成树脂纤维，造型的不规则凸显其轻盈。

▲图 4-12

▲图 4-13

3. 稳定与轻巧的关系

稳定与轻巧是一对相对的形式法则，互为补充，仅有稳定没有轻巧的造型过于平稳冷静，而仅有轻巧没有稳定的造型则略显轻浮，无分量感和安全感。

(1) 物体的重心

一般与产品的尺度有关，尺度较高的物体其重心较高，往往给人轻巧感；尺度较低的物体其重心也较低，往往给人以稳定感。追求稳定感除物理上的重心外，还存在心理上的重心问题，即视觉中心，由造型形式感引起。图4-13中的灯饰白色灯罩部分向上拉长、延伸，灯饰轻巧飘逸，与之相对的旁边的闹钟尺度低、重心低，给人稳重感。

(2) 底面接触面积

灯饰的底面接触面积较大时，整体造型具有较大的稳定感；底面接触面积较小的形体则具有较小的稳定感，且具有一定的轻巧感。底部接触面积的大小与产品的尺度有较大的关系，一般尺度较高、重心偏上的产品其底面接触面积不宜过小；尺度较低、重心也低的产品

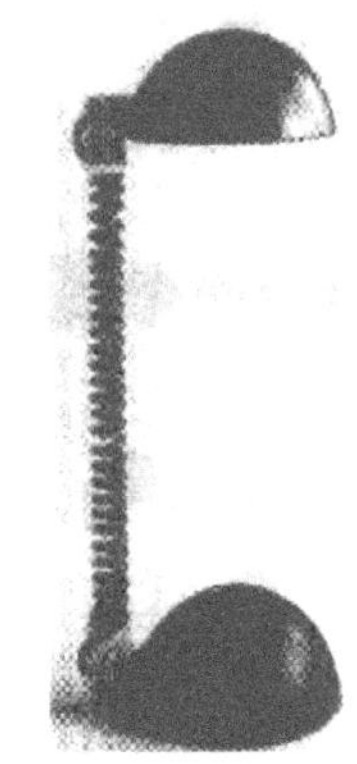

▲图 4-14

▲图 4-15

其底面接触面积则不宜过大，否则会显得笨拙。底面的接触面积大小也与其他方面有关，如功能、位置等。图 4-14 中是一盏台灯的设计，设计师将灯罩与灯座都设计成半圆形的球体，上部半球作为灯罩，内藏灯泡，下部半球作为灯座，并紧紧地扣在桌上，底部的半球通过灯杆上整齐缠绕的电线与灯罩连为一体，既稳定又轻巧。

（3）体量关系

尺寸由上而下逐渐增加且重心偏下的产品具有较强的稳定感；体量小，开放的产品具有一定的轻巧感。图 4-15 中的灯饰重心高、纤细、灯罩是塑料粉色花瓣，弱化了边缘效果，使灯饰轻柔。

（4）结构形式

对称的结构具有很好的稳定感，均衡则具有一定的轻巧感，如图 4-16 所示。FontanaArte 在 Euroluce 2013 年米兰国际灯展上展出的台灯 Blom。由挪威设计师 Andreas Engesvik 设计，造型现代、新颖，融合了对日常生活的灵感和情感。灯体高 24cm，宽 15cm，使用者可以随意拿到需要它的地方。不对称的造型带来轻巧感。

（5）材料的质地

材料的质地往往对人的心理感受产生很大的影响。不同的材质也会产生不同的视觉量感，如组福、无光泽、色彩暗淡的材料有较大的量感；反光强烈、细腻的材料则相对的轻巧。另外，受人思维定式的影响，不同密度的材料的轻重感觉是不一样的，金属材料一般要比化合材料有较大的分量感，使用密度较大的材料时要注意把握轻巧感，在运用较小密度的材料时要注意重心的稳定感。图 4-17 所示的由亚克力制作的千纸鹤吊灯，质感细腻，对光源漫反射，仿生的造型使灯

▲图 4-16

▲图 4-17

饰具有轻巧感，就像一只只飞在空中的千纸鹤。

在灯饰设计中追求稳定与轻巧的美感与很多因素有关，但形式要追随功能，稳定是前提，要将实用理念与外在的形式结合起来，要使造型与功用、和谐统一。

六、节奏与韵律

1. 节奏

节奏与韵律出自音乐的概念。节奏本来是指音乐中节拍的轻重缓急的变化，有时间感。在造型设计中，节奏是指各造型要素按照一定的条理和秩序，进行重复连续的排列。节奏有均匀的节奏，也有大小、长短、渐变、明暗等排列形式。节奏可使艺术作品更具条理性、一致性，加强艺术的统一、秩序、重复的美感。图 4-18 中的木质调羹和叉子依次交替围合的灯罩有秩序感，虚实的间隔也增加了节奏的变化。

2. 韵律

韵律本来是指诗词中平仄和押韵的规则，引申为音乐的节奏规律。韵律存在于一切造型之中，它是节奏排列的规则，是节奏变换的形式。

（1）连续韵律

灯饰结构形式的各要素，如体量、色彩、图案、肌理等做有条理、有规律的排列重复，形成统一连贯的美感，即为连续韵律，如图 4-18 所示。

（2）渐变韵律

造型的形式要素按一定规律的变化。例如，点由大到小，线由密到疏，色由浓到淡，或各

▲图 4-18

要素时而增强、时而减弱所形成的有节奏的变化规律。图 4-19 为著名的 PH 灯，设计师利用灯罩的渐变，使人们在使用灯具的时候可在任何角度观察而看不出光线，因为，灯罩的结构功能反射几乎来自灯泡所有的光线。这不仅可充分利用光源照明，而且在多层灯罩的作用下，管线更加柔和均匀，避免了光线强弱的对比造成的炫目感。设计师将形式与功能完美的结合，使灯具在不使用时仍给人以美的享受。

（3）起伏韵律

各元素具有高低、长短、大小、方圆、粗细、虚实、曲直、软硬的起伏变化而形成一种节奏韵律。图 4-20 为 32 面体的纸刻小灯，采用虚与实的变化营造韵律感。

▲图 4-19

▲图 4-20

（4）交错韵律

连续重复的构成要素按一定规律互相交织穿插而形成的韵律形式。

3. 节奏与韵律的关系

节奏与韵律相互依存、相互作用，节奏在韵律的基础上排列出美感的形式，韵律在节奏的基础上丰富和完善整体造型。灯饰造型的每个部分都应当是节奏和韵律的完美结合，如灯罩造型可以把材料按照灯罩的形状进行褶皱造型，或者在灯罩上绘制有节奏和韵律的装饰图案和颜色来美化灯罩的造型，如图 4-21 所示；台灯支架的伸缩结构也可以体现一定的节奏感，支架上的装饰，比如水晶装饰，可以通过形状由大到小的韵律来排列。

七、过渡与呼应

在灯饰设计中往往会出现因结构功能的关系，使灯饰造型要素之间的差异过大，出现对比强烈、杂乱无章的外形；不同结构的形体反差较大，使造型缺乏统一的形式美感；点、线、面的关系混乱，色彩的基调不明确，这些因素在一定程度上也影响到灯饰的功能效应。因此，为了解这些问题，就需要采用过渡与呼应的手法进行处理，以获得统一的形象。

1. 过渡

过渡是指造型中两个不同形状、不同色彩的组合之间采用另一种形体色彩，使其的关系趋之和谐，因此削弱过分的对比。过渡可理解为由此及彼的中间过程，也正是这种不确定的阶段，恰恰显出了两种形态的关联性，既反映

▲图 4-21

▲图 4-22

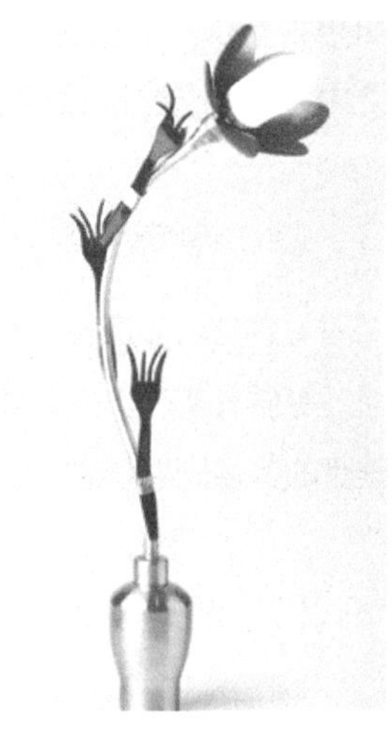

▲图 4-23

此状态又反映彼状态。自然界中冰雪融化为水的过程，即为一种自然现象的过渡。在生活领域中过渡的形式很多，如方形逐渐变为圆形，其中间的阶段也为一种过渡现象。拿产品造型来说，过渡主要是通过形式语言的变化来获得，如点、线、面、体的过渡承接，形成一定的变化节奏。但过渡的程度不同会产生不同的效果，如果形体与形体的过渡幅度过大，则形体会产生模糊、柔和、不确定的特征；如果过渡的幅度不足则会出现生硬、肯定、清晰的特征。形体与形体之间若无中间阶段的过渡，称之为直接过渡，即一种物形直接过渡到另一种物形。直接过渡一般会造成形体的强烈对比，在设计一些需柔和效果的产品时要尽量加以避免。另一种为间接过渡，能使形体产生协调的效果。

1. 过渡的几种形式

（1）渐变过渡

这是将差异较大的结构进行逐步的变化，如形体由大变小，色彩由明变暗，而获得的一种过渡效果，如图 4-22 所示。

（2）延异过渡

这是指利用形的相识性或不相识性，使两种相差较大的形态通过过渡达到形态的调和，如图 4-23 所示。

（3）起伏过渡

这是将一定差异的形态按一定强弱关系进行过渡，产生虚实相间的效果，如图 4-24 所示。

▲图 4-24

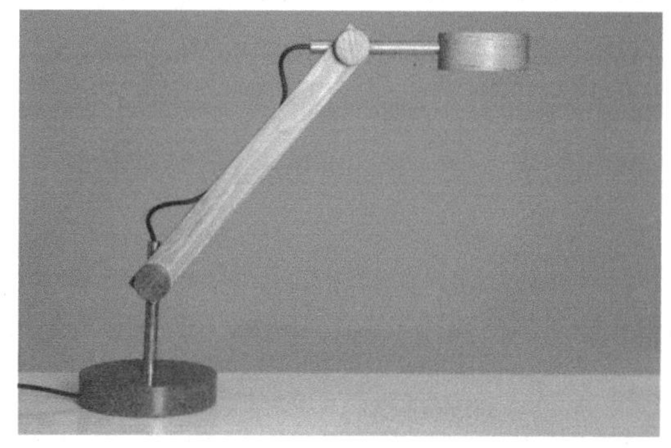

▲图 4-25

2. 呼应

在造型艺术的形式美中，过渡表现为一种运动的过程，而呼应则表现为运动的结果。呼应即通过造型形式要素的形、色、质的过渡而取得首尾呼应的一种关系。过渡是呼应的前提，呼应是过渡的结果。它们相互影响、互为关系，仅有过渡没有呼应使形体不完整，没有过渡则呼应缺乏根据，过渡与呼应即为统一与变化的关系。图 4-25 中灯从灯罩到节点再到底座，圆形相互呼应，但角度、大小、颜色有所不同。

第二节　灯饰造型设计的构成要素

灯饰造型设计从本质上讲就是设计满足照明功能的美的形态。获取“美的形态”可以有两种途径：一是仿拟造型，如仿拟动物、植物、文化等。该造型方法被大多数灯饰设计师所掌握，但仿拟素材来源丰富，却并非无穷无尽，单一使用该方法而陷入灵感枯竭的状况并不少见。要真正做到“创意无极限”，需要重视第二种途径——“构成”造型，即不依赖既有的自然形态和人为形态，而是以形式美的法则为依据，使用形态最基本的元素——点、线、面、体为造型对象，按照一定的造型规律创造出具备特定功能和美感的抽象形态。

一、灯饰设计中点的要素

灯饰中的点是具有空间位置的视觉单位。它有具体的形状、大小、色彩、肌理，是实实在在的实体，如 LED 发光珠颗粒、水晶颗粒、贝母装饰片等都可以看做灯饰中的点元素，点元素的排列可以产生线感，点的堆积可以产生体感，特异的点还具有吸引视觉注意的作用。点的聚集和点的离散这两种构成样式在灯饰中比较常见，如果应用得当则能够打破造型元素的次序和规则变化所带来的沉闷和呆板，形成活泼生动的形式趣味。图 4-26 中的圆球形的灯罩沿螺旋形向上排列，圆点的视觉形象使整体造型灵动活泼。图 4-27 中的用街头广告纸折叠粘合成的像素灯，点的聚集形成不规则的形状，每个像素点有特种的形态和色彩特征，聚合的整体造型独特色调丰富。

二、灯饰设计中线的要素

灯饰中的线具有很重要的功能，使用线元素的灯饰常给人流畅、轻巧和透明的感觉。由于线群的集合，线与线之间会产生一定的间距，表现出各线面间的交错，构成极具层次感和韵律感，在水晶吊灯的造型设计中尤为常见。

立体构成中线材的构成形式有线层结构、框架结构、单体造型组合、自垂结构、编织结构、螺旋线结构等。其中，线层结构是用简洁的曲

▲图 4-26

▲图 4-27

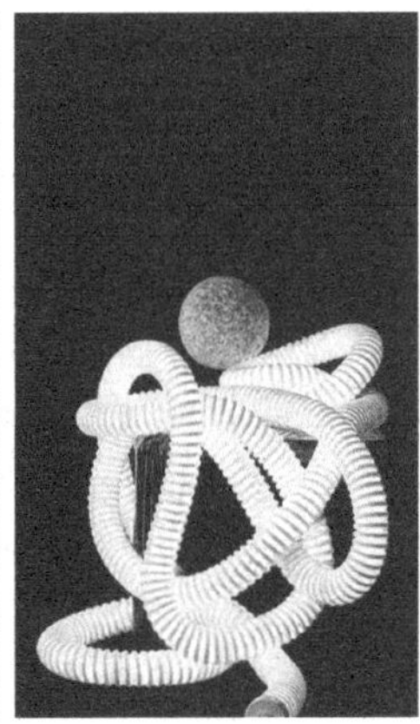
▲图 4-28

▲图 4-29

▲图 4-30

线或直线依据一定的美学法则，如重复或渐变，做有秩序的单面排列或多面透叠曲面构成，可用于玻璃、不锈钢等硬质线材构造的现代灯饰。图 4-28 为利维奥·卡斯狄里奥内于 1969 年设计的台、壁、落地灯是一个线构造型的经典。设计师从正在工作的吸尘器中汲取灵感；被软管的运动所吸引，他试图设想一个物体，具有同样的轻巧和简单性，同时又是一个不同寻常的光源。图 4-29 中的名为飘带灯（Swing Pendant Light）的优雅灯具，将灯罩变成带状盘旋而下，宛如风中飘飞的裙带，轻柔却带着诱惑地飘在空中。如同少女裙子上裁剪得宜的裙带给裙子增添了浪漫优雅的感觉，这款飘带型的灯罩同样让室内充满了宁静素雅的气息。如此简单的造型，也能产生意想不到的唯美效果。图 4-30 为巴塞罗那 Goula/Figuera 设计的“线与点吊灯”，整个灯饰造型以线为主、点为辅，二维到三维的转变让这些图形有了无数种的变换可能，装饰感极强。图 4-31 为设计师 Michael Anastassiades 设计的灯饰作品，给人以精美极简的平衡美感，虽然线条简约但不缺乏力量美，看似简单的设计却将点线面的构成发挥完美。图 4-32 中的 Light Container 吊灯的设计极其简洁。用黑色的铁丝组成的灯罩，用线条组成了容器的形态，而灯体和黑色的电线相连。电线与灯罩融为一体，承载光线的重量，发出柔和的光芒。

编织结构是利用不同的编织打结方式来进行装饰造型，可广泛应用于绳索、藤、竹篾、薄木片、皮革等非金属为材料的灯饰设计中，常见的麻线球灯和竹编灯笼就是运用这种构成方式的灯具产品。图 4-33 中的竹编灯饰通过不同的编织方式使灯罩呈现出不同的纹理，既有竹条线的美感，也有编织面的美感。

三、灯饰设计中面的要素

面材即平面的素材，要将平面转换成立体，必须借助构成手法将平面转化成具有深度的三

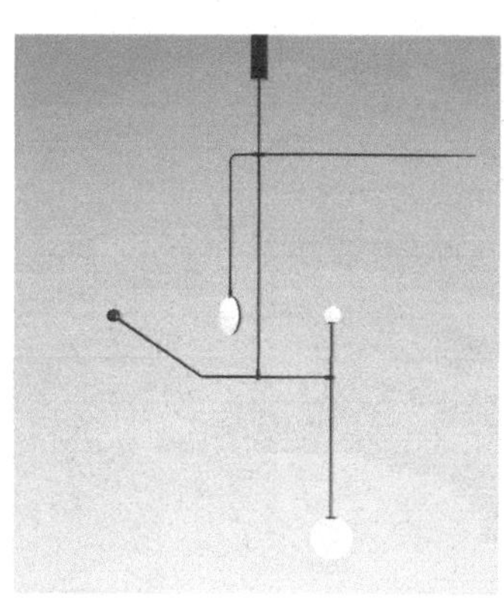
▲图 4-31

▲图 4-32

▲图 4-33

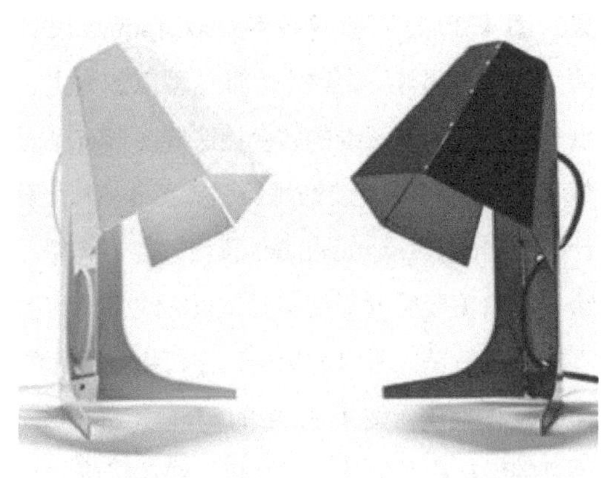

▲图 4-34

维物体。灯饰中的面材构成手法有：插接构造、层面排列、切割翻转、隆起与折叠、蒙皮构造等。其中，面的插接构造特别适合设计制作具有现代感觉的灯罩造型，具体操作手法是将不锈钢片或 PVC、ABS 等塑料板件加工成多个几何形单体，并预留缝隙，然后利用卡口进行连接，通过互相钳制而成为立体形态；面的切割翻转是在一平面上制作出特定的缝隙，将平面的一部分扭转变化所构成的立体形态，如纸风车、莫斯比环等即为典型的切割翻转构造。曲面的立体翻转构成在占有空间的感觉方面比单一曲面要强，在灯饰造型中能表现出轻快活泼的效果。图 4-34 为韩国设计师 Jaeuk Jung 设计的台灯，利用切割翻转构成原理，在铁皮平面上预留缝隙，然后折叠成型，生产工艺简单、成本低廉，同时产品形态简洁轻盈，受到消费者喜爱。图 4-35 中木纹曲面的灯罩轻巧幽默。

灯饰中的蒙皮构造是运用钢丝或竹篾制作内衬，然后将绢帛等平面物体绷在内衬上，典型如灯笼样式。图 4-36 为葡萄牙设计师设计的 structend 是一款以帐篷构造和面料为基础而设计的灯具，采用的便是蒙皮构造。

层面排列是用各种形状的面材组合排列成的立体造型，应用于灯饰设计的要点主要有：①基本形多为重复形或近似形，以和谐统一为宜。②使用重复、渐变等手法，使基本型进行上下重叠和连续发展。③应考虑大小、疏密等关系，应用于灯饰设计中要使造型显得简洁、完整、统一。图 4-37 中红色的吊灯渐进排列，韵律感极强。

四、灯饰设计中块的要素

块材的构成方法有变形、分割、积聚三种。在实际灯饰设计中常以这三种形式结合，追求形体的刚柔、曲直、长短；变化的快慢、缓急；

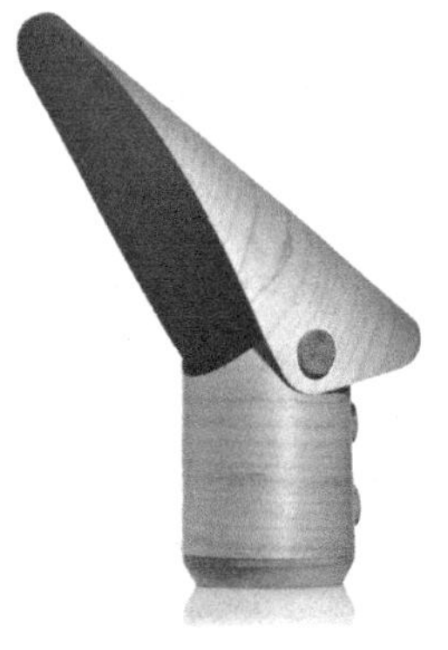

▲图 4-35

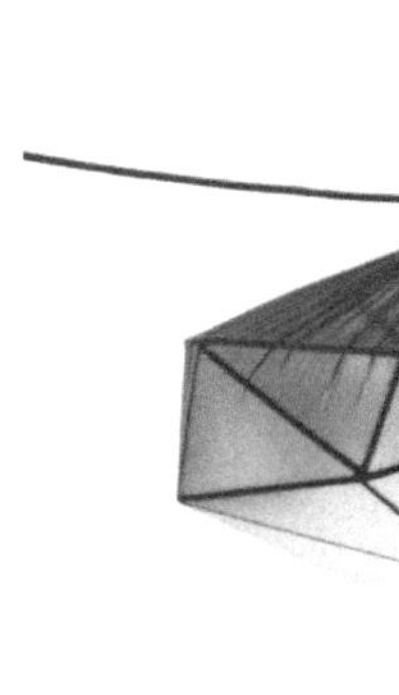

▲图 4-36

▲图 4-37

▲图 4-38

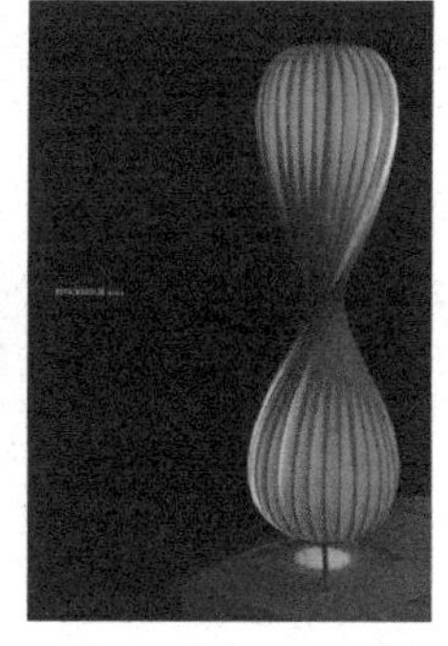
▲图 4-39

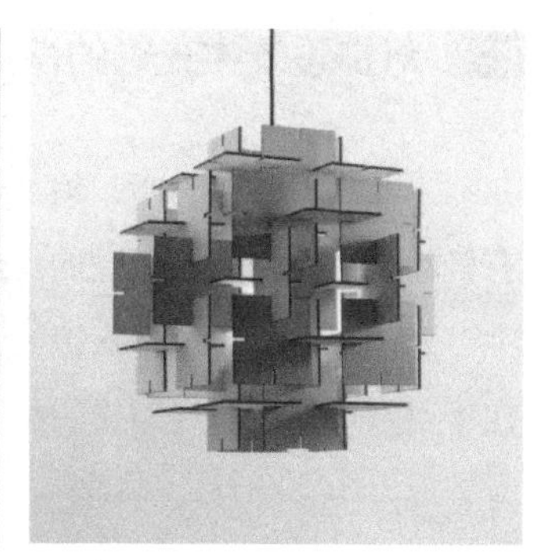
▲图 4-43

空间的虚实对比等，创作出理想的三维形态。

变形可使几何形体具有生命感和人情味，具体有几种方式：①扭曲，使形体柔和且富于动态。②膨胀，表现出内力对外力的反抗，富有弹性和生命感。③倾斜，使基本形体与水平方向呈一定角度，表现出倾斜面，产生不稳定感，达到生动活泼的目的。④盘绕，基本形体按某个特定方向盘绕变化而呈现某种动态。图 4-38 中的台灯利用膨胀的变形手法，灯罩向外膨出的球形，像向外延伸的气泡，外形有趣味性。图 4-39 中的灯中部扭曲的造型产生了律动感和视觉的张力。

▲图 4-40

▲图 4-41

▲图 4-42

分割是指对整块形体进行多种形式的切割和切除，从而产生各种形态。分割的基本形式有几何式分割和自由式分割。其操作要点有：①分割部分和数量不宜过多，否则会显得支离破碎。②分割后的形体比例要匀称，保持总体的均衡与稳定。③分割后的形体要考虑方向、大小、转折面的变化等。④分割后的形体表面所产生的交线要舒展流畅和富于变化，形成既统一又有变化的形态效果。图 4-40 中的切割的多面体吊灯，棱角部分保留一定的切缝，使光源透出，使切割的形体不单调。图 4-41 所示的灯，不规则的多面体的切割现代感强烈。

积聚主要包括单位形体相同的重复组合和单位形体不同的变化组合。积聚的基本形式有重复形、相似形的积聚和对比形的积聚。灯饰采用该构成手法造型要注意形体之间的贯穿连接，结构要紧凑、整体而富于变化，要注意发挥各种构成因素的潜在机能。组合既有运动韵味、空间变化丰富，又协调统一的立体形态，图 4-42 中的积木似的积聚让整体造型松而不散。图 4-43 中的吊灯利用固定单元积聚穿插，结构紧凑。

五、灯饰设计中光影的构成要素

光与影，一明一暗，相互依存，组成一个有机的整体。光是人视觉的自然属性，在生活中，无论是自然光还是人造光，光影都大量存在于空间环境中。光与影的相互呼应使灯饰富有表现力和生命力。

对灯饰来说，其光源来自于灯罩内点亮的光，光源的光透过灯罩照亮空间，形成了两个光环境：一是其自身，二是周边被照亮的环境。不同形态和属性的材料，可以在光与材料的相互作用下产生不同的艺术效果。灯饰的表现张力源于光源、造型、颜色以及材质肌理的应用，通过灯罩材质质地和表面肌理的选择和造型的变化，产生丰富变化的光影效果。灯饰以艺术造型点缀空间、用明暗光感来虚实场所，空间因此被分割、重组、交叠。

光影在造型中的运用方法

（1）灯罩表面的光影效果

使用不透明的材料，让光线从特定的区域投射出来，其余的光线则被介质吸收。常用的不透明材料有木材、金属、石材、陶等。Let's peel eggs 的概念源于剥蛋壳，如图 4-44 所示，起初只是一个半成品，需要使用者自己动手完成制作。它是在蛋形的聚碳酸酯灯泡上覆盖一层塑料，这种材料拥有蛋壳的脆性特征，可以很容易被剥掉，用户可以根据剥掉的面积决定发光的面积，一片片剥掉黑色的外壳，逐渐露出白色的灯泡，让使用者参与灯饰造型的再次设计并体验到其中的乐趣和成就感。线材如金属管等可以采用焊接等连接方式；板状或块状则可以采用镂空、拼接或半包围的方式。图 4-45 所示为原木制作的灯饰，其中下部采用镂空的形式让光从条纹的缝隙中透出，虚实结合，打破了整块实体的单调乏味，增加了造型的灵动性。

▲图 4-44

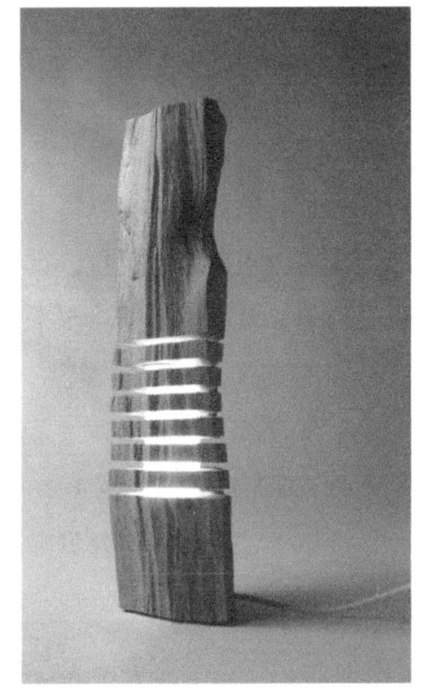

◀ 图 4-45

使用半透明材料，光源的光通过穿透、折射、反射、漫射方式，并透过灯罩，绕过灯体照亮空间。常见的半透明材料有塑料、纸、竹片、织物等。半透明材质的肌理对光影效果有着重要的影响，灯罩本身会因为肌理造成明暗对比而产生影。设计时可以结合材料的特点，通过内部粘贴、雕刻、剪影等方式改变材料表面的透光度，借助光的投射性产生有趣的光影造型。图 4-46 所示的光源发出均匀的光，在灯罩表面呈现美丽的光影效果，通过对灯罩的厚薄处

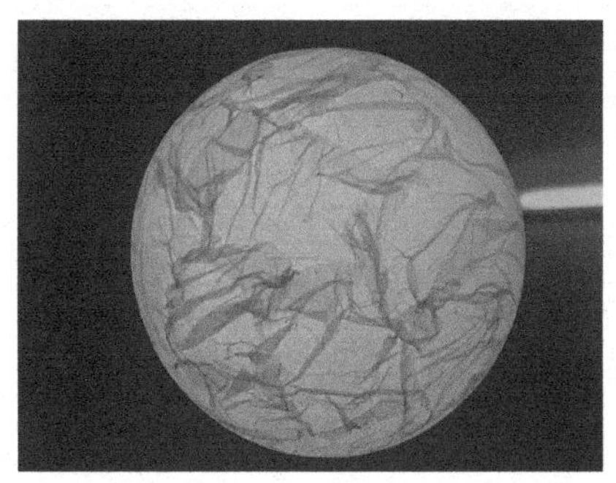

▲图 4-46

▲图 4-47

理而产生不同的透光度，对比越大，所呈现的图案越清晰。图 4-47 所示的月球灯整体采用 PLA 玉米秆可降解材料，不仅环保无污染，而且有很好的透光性，设计团队用 3D 打印技术，仿造月球表面，打造出不同厚度的浮雕表面，由于透光度的不同，通电后可看到月球凹凸和明暗的效果。

使用透明材料，光源的光通过穿透、反射、折射方式透过灯罩照亮空间，原理与半透明材料类似，因为材料的高度透光性会产生较强的眩光，不适合与视线直接接触，因此通常为装饰性灯具渲染气氛。常见的透明材料有玻璃、水晶、透明塑料等。图 4-48 为意大利设计公司设计的 teca 灯，外部透明的玻璃灯罩丰富了整个灯罩造型的层次，使灯罩包裹在气泡中，造型轻盈。

（2）投射造型的光影效果

投射造型强调的是在空间环境中的光影效果。这种光影造型手段比较适合用于轮廓线条新颖的主体，从另外一个角度把灯光的魅力呈现出来，在空间环境中产生一种颇富戏剧性的光影效果。利用灯光在产品本身与空间环境视觉效果的不同，不仅表现出介质本身的细节美感，同时空间也因为光影的交织产生了一种特殊的意境。这种手法要把光、色、形三者结合起来，一方面要注重灯饰本身的色彩、形态和肌理，另一方面也要使光色与产品的色彩造型巧妙地结合起来，让空间也成为一件艺术品。要达到光影互动的效果，产品的造型尤为重要，首先它必须是一个不完全密封的外壳，光线通过穿透、反射、折射、漫射、吸收等方式在环境空间产生光影。表现光影结合的材料多种多样，从透明到不透明，因此灯饰的造型轮廓和细节处理对光影效果有着重要的影响。图 4-49

◀ 图 4-48

◀ 图 4-49

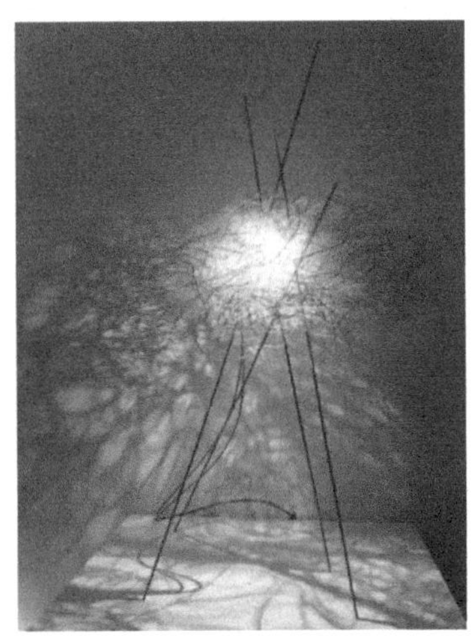

▲图 4-50

为法国设计师 Matali Craet 设计的 Foglie 吊灯，对光的形态设计进行了创造性突破，灯光不再是一般灯饰所呈现的完整的体积光，而是被树枝造型的灯罩分散并打碎，枝杈顺着光线的向下延展，从枝系的缝隙中散射出柔和的光线，光的形态也正符合了设计师最初的概念主题。设计师说："起源于一点的竖向支撑力，随着光线的传播方向向周边的空间扩散，每一处枝杈固有的特性能够给人们带来自然的真切感，人们能够感受到春天里万物正在萌芽。"

影虽然不是实体，但它是灯具和光线的延伸。如果从影的角度设计灯饰，需要把影作为一种实际存在的产品形态，并运用语义学原理，通过塑造影的形态，为使用者创造一个富有感情的光影世界。在设计中，影的形态塑造需要从光源、灯具和投影面 3 个方面来处理。投影光的强度以及透射光的亮度差决定了影的明暗和清晰度，灯饰的造型（主要是灯罩的造型）通过反射、折射和遮挡方式决定了影的形态。投影面的材质和造型同样也决定了影的肌理和色彩。图 4-50 为 2017 年意大利米兰灯具设计展中来自西班牙的品牌 arturo alvarez，金属线条的缠绕集聚围合成的灯罩让光线从间隙穿过，投射出明暗交替的线条，整个空间形成一种有机线条带来的美感。

第三节　灯饰造型设计的创新思维方法

一、思维角度的多样化

灯饰造型的创新来源于思维角度的启示。所谓思维角度是指设计所涉及的内容、形式等客观事物的总和。我们赖以生存的世界是丰富多彩的，在我们的周围有许许多多、千姿百态的事物，人们会从中引发出无数的奇思妙想。客观世界的存在与多样化，给灯饰设计提供了多样化的选择和丰厚的土壤。

1. 形象数量的多样性

从设计造型的角度看，一是客观事物和现象呈多样化的存在。从宏观的天体到微观的细胞；从山脉、田野到花草、数目；从陆地上的动物到各类水生物，自然界的各种形象散步在我们周围。不同的形象以各种不同的姿态吸引着我们的视觉，成为灯饰设计取之不尽的源泉。二是客观事物间相互关系的多样化。灯饰设计中各种形象凝聚在思维之中，当我们思考时就会发现各种事物间存在着千丝万缕的联系，各种联系就像丝线一样牵引着我们的思维，加之对各种形象的艺术联想，可以产生许许多多超越现实的设计构想。图 4-51 为设计师 Markus Johansson 抓住水母的造型，抽象出的这款水

母灯。造型表现出了水母收缩向上游动。图4-52为设计师 Aleksandr Mukomelov 设计的鲨鱼鱼鳍落地灯，灯外形采用鲨鱼鱼鳍，专门为喜好冒险和刺激的粉丝设计。虽说这款落地灯没有华丽的色彩，但这样的外形也绝对能吸引眼球。图4-53的水井造型的台灯，玻璃圆柱灯体即是灯罩，加上木制的手摇构造，就像是一个小水井。灯体分为两部分，上部分完全透明，而下部分为磨砂或是渐变色。通过摇上摇下，灯泡位置发生变动，既是对传统水井的感受，也是灯光亮度的调节。图4-54所示的猫咪灯饰由 Kuntzel 和 Deygas 设计，用简单的金属片来模仿猫咪的姿态，如蹲着、行走、跳跃等，可谓惟妙惟肖，圆圆的脸上加上点胡须，更是可爱之至。

▲图 4-51

▲图 4-52

2. 形象属性的多样性

形象属性是指事物所具备的性质。从形象的总体来讲，形象有多样化的数量，而从形象的个体上看，又有多样化的属性。自然属性是设计者从各种不同的角度对自然个体形象进行分析而发现的性质。比如，一片树叶的属性有绿色、椭圆形、齿形的边缘，有对称的结构、飘动的特点，有不同季节的可变形，人们可按此思路，给这片树叶找出无穷的属性。通常，人们对形象属性的思考，往往只限于几种习惯性的方面而忽视对其他属性的深入观察和挖掘。如果在创造性思维中能够有意识地注重其他属性的研究，突破原有的限定，以更为宽阔的视角观察、分析、发现新的属性，无疑会拓宽造型设计思路，创作出更丰富的造型。图4-55和图4-56都为蜂巢造型的灯饰，一个强调整体，一个强调局部的六边形。图4-57为韩国设计工作室Ilsangisang设计的“有生命有灵魂”

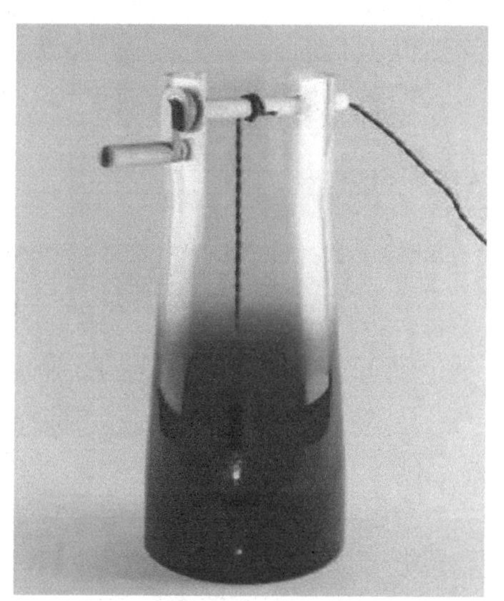

▲图 4-53

▲图 4-54

▲图 4-55

▲图 4-56

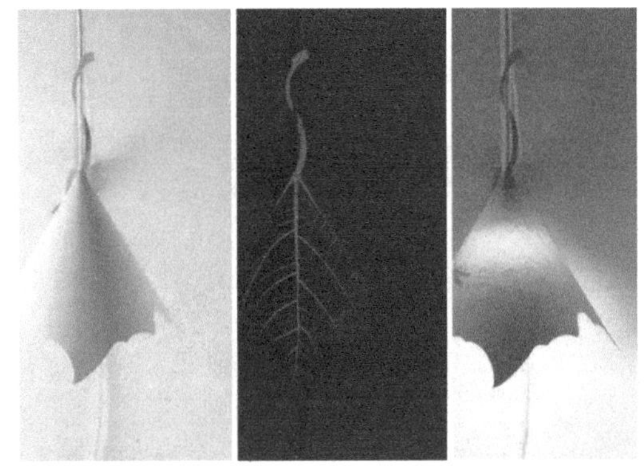

▲图 4-57

的灯饰，通过荧光油墨展示了日夜明暗具有三种变化。

3. 形象变化的多样性

形象的存在是动态的。由于人的感觉器官的局限性，我们通常所看到的事物，都是事物变化的一个片段、一个瞬间。一朵花蕾也有发芽、生长、开放、凋谢、枯萎几个连续的过程。如果能从变化的角度考察事物，就会得到许多非同一般的启迪，从而提供可供选择设计创意的起点，引发造型创意的灵感。虽然灯饰设计不是自然规律的写照，但是我们可以从自然的运动规律中获得启示。自然界的事物都是处于运动之中的，各种不同事物的运动会给我们带来许多联想。我们以变化的观点思考问题，通过对某种事物变化过程的想象使各种物像在想象中与大脑得以连接，从中找到与创意相对应的形式结构，这样便会产生一种全新的设计造型。图 4-58 为设计师 Yeongwoo Kim 带来的倾泻的茶杯灯，能给人一种特别的视觉感受。倾泻的液体成了它的灯柱和底座，而茶杯是灯罩，外面的茶包拉线则是灯的开关。这个台灯造型把一个动态的过程通过一个静态的形式固定住，反映出设计师多样化的观察角度。图 4-59 为设计师 Kyu Hyun Lee 和 Hae Won Jo 设计的一款香灯，捕捉到礼拜时香点燃时顶部一小截会发光，此造型正像点燃的香一样。每支香灯底部带有开关，能单独使用，放入香炉中还可进行充电。

二、思维模式的多样化

艺术的价值在于创造，打破思维的惯性是使设计具有个性化的关键。通常，人的思维大多是一种顺时的线性逻辑思维，一般按照自然的逻辑关系来思考问题，这种思维模式是人们习惯了的思维方式，在这种思维模式下创造出来的作品往往有很强的共性特征，特别是在对传统风格的继承上还带有一定的模仿性，这种设计思维模式下的产物显而易见是很难有吸引

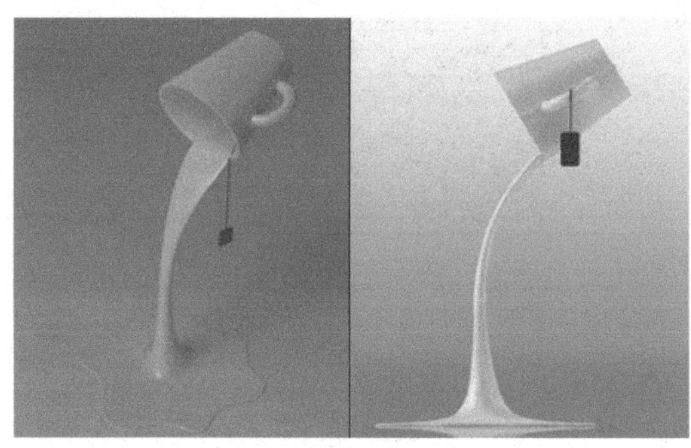
▲图 4-58

▲图 4-59

力的，也不能满足人们的求新欲望。因此，在灯饰造型设计中，强调多样化，变异思维方式，寻找造型设计新的思维模式是十分必要的。

1. 整合性的思维模式

整合即综合的意思。整合性的思维就是讲两个以上互补相关的思维对象纳入思维的轨迹，进行重组、推理、合成，从多种思维对象的相互关系中发现创意的契机。设计界曾有“综合即是创造”的说法，这句话很有道理，把自然中不连贯的东西，融合在一起产生新的意念，这是毋庸置疑的。其中关键的是采用怎样的一种综合方法，它不是事物之间简单的相加或拼凑，而是根据设计者的创作意念，从不同的事物里抽取有内在联系的特性，再把它们融合成有创造思想和精神内涵的艺术生命体。它包括事物间的整合，事物间的存在方式是复杂的，既有显性的一面，又有隐形的一面，往往表面上似乎不相干的事物，在创造性思维的综合下，将产生统一的意念和新的特质。如电影艺术中的蒙太奇手法，即是两种空间的形式组合，也可产生一种全新的艺术空间结构。从表面上看是空间的分割、断裂，但是其中确有着一条内在的主线，创造性的思维把不同空间中的事物进行了有机组合，一方面去掉了不必要的细节、过程，另一方面更加强化了创作思想上的连续性，使造型的主题更为突出，更加符合艺术化的空间结构，其所采用的即是空间上的整合方式。图 4-60 为奥马尔·阿尔贝尔设计的“Bocci 57 系列”吊灯，在设计时采用了一种用于生产开孔泡沫的技术，他在尚处于液态的玻璃基质内注入空气，待它们凝固后就得到了形状类似于云朵一样的玻璃体。当里面的空气未被点亮时，从表面看，灯具只是一个个带有各种圆形凹凸的整体；然而当灯光打开时，里面复杂的气泡结构突然一下变得清晰可见，就像是一个蕴含在灯具内部的“宇宙”活了过来。灯具内部气泡的大小和透明度取决于吹制过程的温度，玻璃温度越高，空气通过的阻力越小，产生的空间就越大。这使得整个制作过程比较随机，即使是人为进行控制，也无法产生完全相同的

▲图 4-60

两个结果，每个结果都那么特别。

在灯饰设计中，整合的思维方式实质上是对自然形象结构的重组，是艺术设计打破自然形式结构限定的一种新的思维方式。

整合性的思维还包括事物属性的整合，客观世界是丰富多彩的，事物本身的属性又是多种多样的，事物属性的整合可分为两个过程，首先从事物中分解出某种属性，抓住物像之间属性的相似和相近特征，找到其内在联系，再按照设计的构想进行有机的综合。属性的提炼不是自然表象的模仿，而是从自然物像中分析出造型元素。灯饰设计本身就是运用自然属性的过程，像设计中的点、面形式元素，即是从自然形象中抽离出来的一种形象属性，对这些基本元素进行重新整合，便会创造出具有形式感的装饰性作品。图 4-61 的玛芬系列灯具由捷克设计师 Lucie Koldova 和以色列设计师 Dan Yeffet 共同参与完成，设计的灵感来自于巴黎的面包房，他们模仿了面包房中糕点的造型来设计。每盏灯都有一个木质底座用来固定灯泡，灯具顶部罩着一个玻璃“玛芬帽子”灯罩。图 4-62 是澳大利亚设计师完成的墨镜台灯，灯和墨镜其实都和看、眼睛有关，设计者抓住

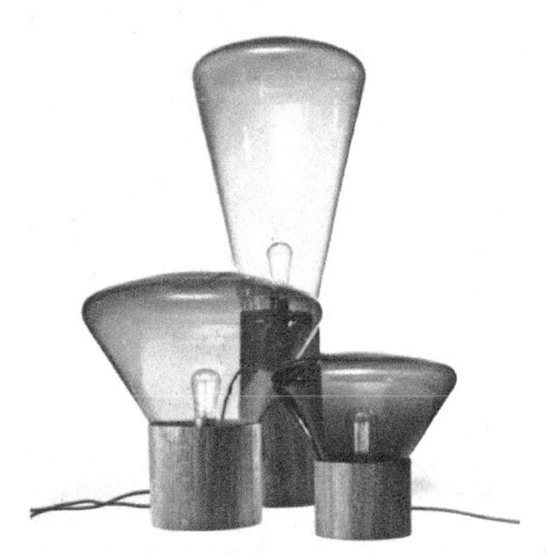

▲图 4-61

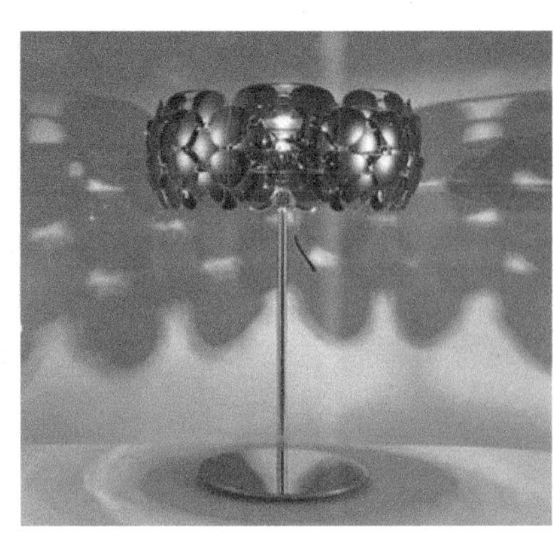

▲图 4-62

这里面的联系，把墨镜作为塑造灯饰造型的基本元素，采用累积的手法表现了灯饰的新鲜感，整个造型又具有重复的韵律感。

2. 思维的方向性

所谓方向性思维，是指从不同于常人、常理的思维方向来思考问题，是一种反常规的思维方式。当选择了相反的思维方式，人的思维就会产生新的导向，发现新的特质。从习惯性思维的方向有意识地进行一些试验性创作，往往会有一种另类的感觉。像现代的达达艺术就是在艺术思潮中采取了方向思维的方式，在反传统艺术的基础上确立了自身的设计理念，它给设计的发展带来了新的活力。图 4-63 中灯饰下面部分是镂空，人的手可以伸入灯饰中打理绿色植物，同时人的手部也成为灯饰构图的一部分。

3. 思维的无序性

秩序化是逻辑思维必须遵循的一项原则。无序化思维就是发挥人的前意识和潜意识的思维能力，从非理性的角度冲破逻辑化思维框架的束缚而建立起的思维模式。随着人类认识的不断深入和各学科研究成果的综合发展，人们

▲图 4-63

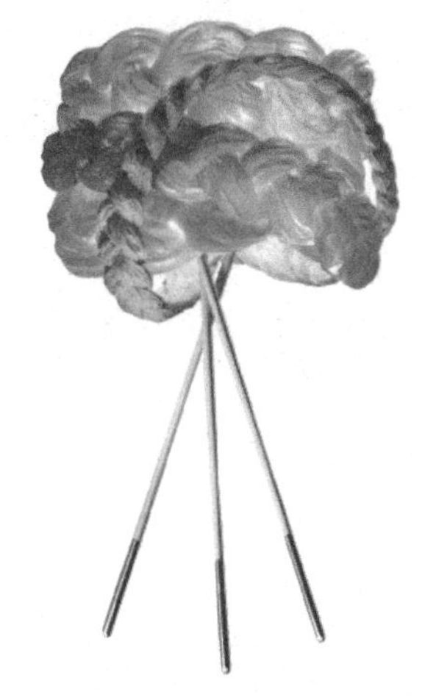

◀ 图 4-64

越来越发现无序化思维在人类创造过程中的重要性。现代科学研究证明，人类习惯性的逻辑化思维模式在现代科学研究中已经受阻，对一些新鲜事物和现象还不能解释。在灯饰设计领域中也存在着同样的问题，由于人们已经习惯了秩序化的思维方式，总是偏爱规律性、秩序性，对事物的认识总想能合情合理，整齐有序，容不得半点模糊和混乱。从设计构思到设计表现都充斥着理性思维的方式，这几乎成了思维的定式，也成为创造性思维的障碍。由于忽略了思维的多元属性和无序化思维在设计中的创造性作用，因此设计出来的作品总是千篇一律、千人一面的，缺乏鲜明的个性和新颖感。

从思维结构上看，人的思维包括意识、前意识、潜意识三种形态。一般而论，意识产生秩序，前意识和潜意识形成联想、幻想和想象，当人的思维减弱了意识的理性信号时，前意识、潜意识就会显示出自身的强度，各种奇思怪想均在思维活动中萌生。往往在这种状态下会出现新的思维，一些不符合客观规律，但具有创造性价值的意念便会应运而生。图 4-64 是来自 Mammalampa 的一款设计，利用柔软的纸张，褶皱与编织的双重肌理，表现出麻花辫的效果，突破以往人们对灯饰造型的印象和固有模式。任何事物都有它特有的美感，关键要抓住表现的形式和表现的角度。

4. 思维的历时性

历时的思维方式是以变化的观点，从事物的变异、发展的角度认识事物。唯物辩证法告诉我们，事物是变化、发展的，一成不变的事物是不存在的。相同的事物在不同的时间段里所呈现的形态是截然不同的。设计中把零散孤立的物体通过历时的思维方式连接起来，找到其内在的关系，这对于我们选择素材，组合画面都会产生很好的启示。图 4-65 为挪威设计师设计的灵动优雅的花卉灯，抓住了一朵花从含苞待放的花骨朵到绽放时花朵的形态变化。运用到灯饰的形态上，灯的开启和关闭都是花的不同时间段的姿态。

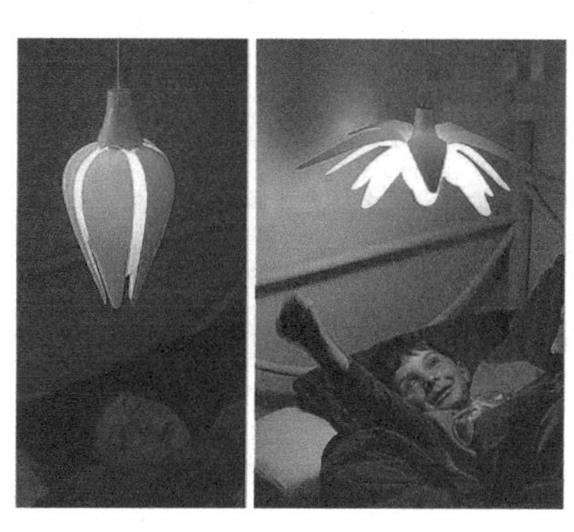

◀ 图 4-65

第四节　灯饰造型设计的发展趋势

一、自然形态艺术化

在最初的灯饰造型设计中，设计者尚未形成清晰的艺术设计概念，因而在灯饰造型设计的过程中往往只从生活中的自然形态出发，选择具有一定审美性的自然形态进行造型模仿。可以说，模仿自然形态是一种最简单、最直接的灯饰造型设计方法，这不仅萌发了人们的审美意识，而且还体现出自然、生态的设计理念，保留了灯饰造型自然的灵性与气息。这种未经雕琢且呈现原始自然形态的灯饰不仅是人们智慧的转化，而且也体现了人们对自然、对生命的领悟。现如今人们越来越追求纯粹、原生态的造型设计，以此来弥补远离大自然的缺憾。因而，在现代灯饰造型设计中开始流行自然形态艺术化的设计风潮，自然形态既能激发设计者的设计灵感，又能通过具有自然气息的灯饰造型来感染人们，可谓是一举两得。

但值得注意的是，对现代灯饰造型设计来说其不再局限于简单地模拟自然形态，而是会参考自然形态并对其进行艺术再创造。设计者提取自然形态中具有审美性的部分，而后发挥创新意识对其进行抽象化设计，实现自然形态的艺术化转变，传达出设计者赋予在灯饰造型设计中的人文自然观。如大海中的珊瑚形态各异、色彩缤纷，于是设计师巧妙地借鉴了珊瑚这一自然形态以及海洋生物的色彩组合。在塑造珊瑚新奇造型时，设计师采用聚碳酸酯的混合物质，将珊瑚的形态抽象化并注重细节的符号化，同时还利用多种色彩进行渲染，从而令珊瑚系列的灯饰造型设计让人们感受到海洋的生命气息（图 4-66）。

▲图 4-66

二、体现绿色环保与人文关怀

经济增长所带来的自然问题让人们越来越意识到保护自然的重要性，因而环保意识逐渐被人们所重视，且这种意识已融入了现代灯饰造型设计中。由于灯饰是一种更新换代较频繁的消费品，所以将绿色环保材料运用于灯饰造型设计就显得很有必要。设计师在追求灯具造型审美性的同时，也需要从现实生活需求出发，抓住人们向往自然生态的心理，从而将绿色环保设计及绿色照明带入人们的室内环境中。这样不仅满足了人们对自然绿色材料的倾向心理，而且还为人们营造了一个充满天然绿色的室内空间，一定程度上推动了现代灯饰造型设计的发展与革新。于是，近些年来的灯饰造型设计不再只是追求外形包装的华丽，而是更倾向于设计简约优美、天然绿色，充分利用现有

的材料进行设计，从而践行绿色环保的设计理念。

当然，灯饰是室内环境的灵魂点缀，灯饰的外形、色调都会影响人们对室内环境的整体感觉与视觉审美。同时，由于家是人们生活与心灵的回归港湾，若室内灯饰能够营造出温馨的氛围，那么人们工作一天之后的疲劳都会在这样温馨的室内环境中得到舒解与放松。因此，现代灯饰造型设计者开始注重探寻人们内心的真实感受，并希望能够通过灯饰造型设计为人们带来不一样且细致入微的人文关怀，使人们能够在抬头观看灯饰的瞬间得到情感寄托与情感共鸣。而以人为本的现代灯饰造型设计理念为灯饰行业注入了新的发展动力，感性的、人文化的灯饰造型设计成为了现代室内空间艺术的一大亮点。这种贴近现实生活的灯饰造型设计具有鲜明的艺术感染力，其多样化的符号视觉语言为人们构建了一个温馨、和谐的交流空间。

三、造型具有装饰化、趣味化特点

纵观现代灯饰设计会发现装饰化、趣味化的特征显而易见，为了加强灯饰造型设计的视觉审美，设计师往往会通过艺术装饰来塑造灯饰的外部造型，从而增添灯饰造型的视觉感染力。夸张的设计方法在灯饰造型设计中被运用得非常普遍，为了令灯饰造型富有装饰化的视觉审美效果，设计师会对自然物象进行适当的夸张变形，如突出自然物象的某一特征，从而赋予这些自然物象以全新的艺术审美性。与此同时，设计者还会对自然物象进行适当的拟人化，进而令灯饰的艺术造型更加富有审美情趣，使人们在看到可爱、形象的灯饰时也能被触动得会心一笑。如此可见，具有装饰化、趣味化特征的现代灯饰造型设计极易受到广大年轻消费者的喜爱，为其所在的环境增添一丝审美情趣，以愉悦人们的心情。

四、回归民族化，弘扬传统艺术

在艺术设计领域，民族性的设计往往更能吸引人们驻足观赏，这在现代灯饰造型设计行业同样如此。而造成此种现象的主要原因是受人文环境所影响，在人们的潜意识中，其审美取向一般与他们的风俗习惯相适应，民族化的设计产品往往更能得到人们的青睐。因而，现代灯饰造型设计逐渐回归民族化，这不仅可以顺应广大消费群体的审美需求，而且还可以弘扬传统艺术，从而赋予了现代灯饰造型设计以实用意义、艺术意义及象征意义。我国的传统艺术博大而精深，灯饰造型设计方面在古代时期就已经令人惊叹，无论是灯饰外形塑造还是材料运用，无不体现着古人的智慧与创意。现如今，那些遗留下来的古代灯饰已然成为了我国宝贵的财富，不仅彰显了我国传统艺术的精美绝伦，而且也为我国现代灯饰造型设计提供了设计灵感。

第五章 灯饰的材料设计

灯饰设计的起源和发生，是从人类为了生存而开始的活动。从最早的灯饰开始就面临着如何选择材料、如何实现功能的问题。灯饰的实现在于设计材料对设计创意的支撑，没有材料，创意仅为停留在纸上的图纸。从诞生之初到如今，灯饰材料越来越丰富，从天然的金、木、水、火、土到人工合成的高分子材料、复合材料、信息材料、纳米材料等，使人类的设计思维得到了前所未有的启迪，新材料的出现总是设计师对新的灯饰形式的探索。

材料对灯饰创作来说，本身就是特定的设计语言，是设计者表现思想、观念、感情的媒介，也是设计师审美心理与大众审美心理沟通的桥梁。

第一节 灯饰材料的感性分析

感性一词指观者对于灯饰整体的感觉或意向，同时也包含了对灯饰的造型、尺寸、色彩、机能、品质、档次等的感觉，是一种心理上的期待和感受。感性是对于思维主体的一种客观属性的描述，是对客观事物物化行为的主体性认识。感觉属于思维领域的一个重要内容，由于感性是感觉对于描述对象所形成的语义情态表述，而且是最直接和最为明确的表达，因而通常认为感觉是感性的第一表征。

一、灯饰材料的美学特性

灯饰的美是广义的、多元的，它不仅包括产品的功能美、结构美和色彩美，还包括了形态美、材料美与工艺美等因素。正如桑塔耶纳在《美感》一书中所说的“假如雅典娜的巴特农神殿不是由大理石砌成，王冠不是用黄金制造，星星没有亮光，那它们将是平淡无奇的东西。”可见，灯饰设计的成功与否和材料有着密不可分的关系。

材料美是灯饰设计美感的一个重要方面，观者通过视觉、触觉感知和联想来体会材料的美感。不同的材料给人以不同的触感、联想、心理感受和审美情趣，如水晶的富丽堂皇、粗陶的朴实无华、玻璃的清澈光亮、木材的温暖质朴。

材料的美感与材质本身的组成、性质、表面结构及使用状态有关，每种材质都有着自身的个性特色。材质的美感主要通过材料本身的

表面特征，即色彩、光泽、肌理、质地、形态等特点表现出来。在灯饰设计中，应充分考虑材料自身的不同个性，对材料进行巧妙的组配，使其各自的美感得以表现，并能深化和相互烘托，形成了符合人们审美追求风格的各种情感。

1. 灯饰材料的色彩美

材料是色彩的载体，反过来色彩又起着衬托材料质感的作用。灯饰材料的色彩分为自然色和人为色。在灯饰设计时可以尽量运用材料的天然色彩。自然意味着生命的根源、美感的根源，材料的天然色来自自然，本身就具备极强的美感。图 5-1 为日本照明设计师谷俊幸设计的一款木质灯饰，木材本身的米黄色给人温暖柔和的亲密感。图 5-2 为伦敦设计事务所 Shiro Studio 设计的 phylum 台灯，金属材质的两边花瓣轻轻包裹，现代感十足。

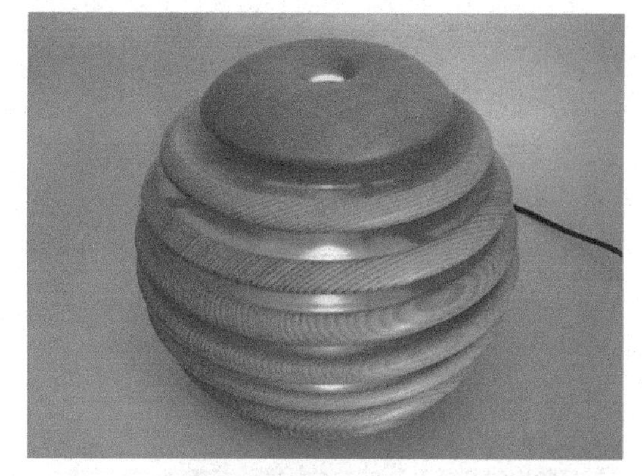

▲图 5-1

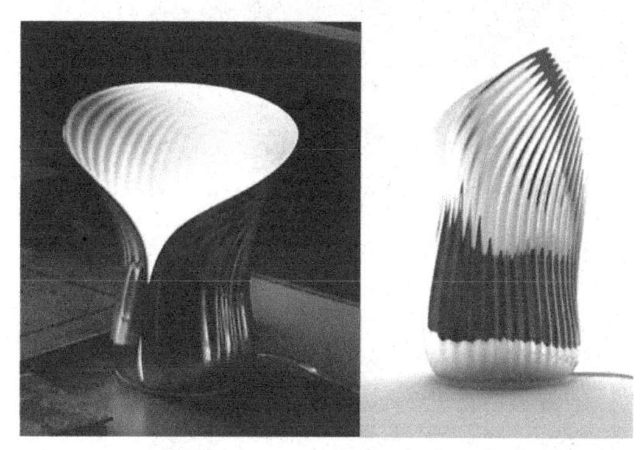

▲图 5-2

材料的固有色彩或材料的自然色彩是灯饰设计中的重要因素，设计中必须充分发挥材料固有色彩的美感属性，而不能削弱和影响材料的色彩美感功能，丰富其表现力。

在材料的固有色彩达不到使用需要的背景时，可以根据灯饰设计的需求对材料进行色彩处理，以调节色彩的本色，强化并烘托材料的色彩美感。在处理中，材料的明度、纯度、色相可以变化，但材料的肌理美感不能受到影响。人为色在运用时要注意遵循色彩规律，搭配协调。

2. 灯饰材料的肌理美

肌理是天然材料自身的组织结构或人工材料的人为组织设计而形成的，在视觉或触觉上可感受到一种表面材质效果。它是灯饰美构成要素，在灯饰外观视觉中具有极大的表现力。

任何材料表面都有特定的肌理形态，不同的肌理具有不同的个性，会对心理反应产生不同的影响。有的肌理粗犷、坚实、厚重、刚劲，有的肌理细腻、轻盈、柔和、通透。即使同一类型的材料，不同品种也有微妙的肌理变化。不同树种的木材具有细肌、粗肌、直木理、角木理、波纹木理、螺旋木理、交替木理和不规则木理等千变万化的肌理特征。这些丰富的肌理对灯饰造型的塑造具有很大的表现力。

灯饰创作时，对于材料的表现可以有下面的表现方法。

① 了解材料表面的构造特征，自然肌理

▲图 5-3

▲图 5-4

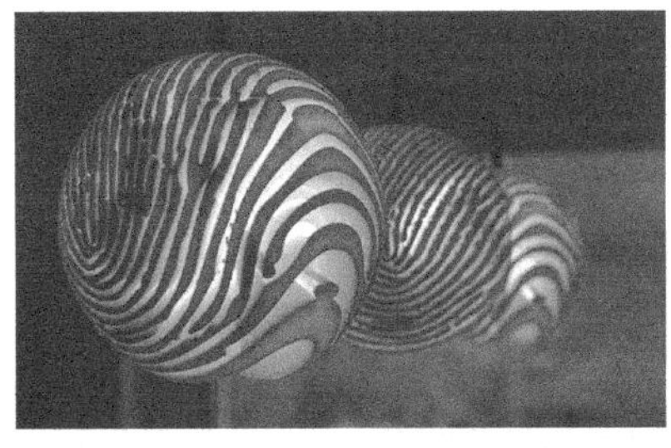
▲图 5-5

▲图 5-6

突出材料的材质美，以自然为亮点。再造肌理突出材料的工艺美，技巧性强，以新为亮点。图 5-3 为一款用树皮制作的生态灯饰，树皮表面粗糙，凹凸的肌理是灯饰的亮点，突出了自然、质朴的意境。图 5-4 为英国设计师 Hannah Nunn 设计的纸皮灯。灯罩在灯光的投射下，可以清楚看到纸质材料的纤维纹理，朴素、简洁，但禅意十足。图 5-5 为以色列设计师 Dan Yeffet 设计的指纹螺旋吊灯，灯罩是按照手指指纹纹理雕刻，呈现球体形状，灯光自漩涡通道而射出，突出了再造肌理的工艺美。图 5-6 为来自以色列特拉维夫的设计师 Shahar Kagan 和 Itai Arbel 将以色列废品回收厂里的废弃塑料制作的环保灯饰，把可塑形树脂流淌的状态表现得淋漓尽致。

② 运用对比的组合方式，强化、烘托出材料肌理的美感。凹凸、横竖、粗细等肌理的对比运用，强化材料肌理的差异，加强肌理的特征。图 5-7 中木质山峰状的纹理搭配塑料细腻平滑的隐藏肌理，更突显了木质纹理的纯朴的质感。图 5-8 中灯具光滑，具有现代气息，时尚感极强的金属框架搭配传统纸材，线条和面的结合，柔中带刚，传统与现代的碰撞，独具韵味。

③ 从不同的角度发掘材料的天然纹理美感。用全新的视角重新审视传统天然材料，通过不同的切削角度呈现出与众不同的天然纹理美感。不同的材料有不同的肌理个性，同一种材料从不同的视角同样会给人带来不一样的效果。瓦楞纸板是一种生态材料，曾经大多人用做运输包装，多层的波浪形瓦楞芯纸有吸能、缓冲的作用。近年来在家具和灯饰中开始出现该材料。但很多时候，人们往往关注的是它光

▲图 5-7

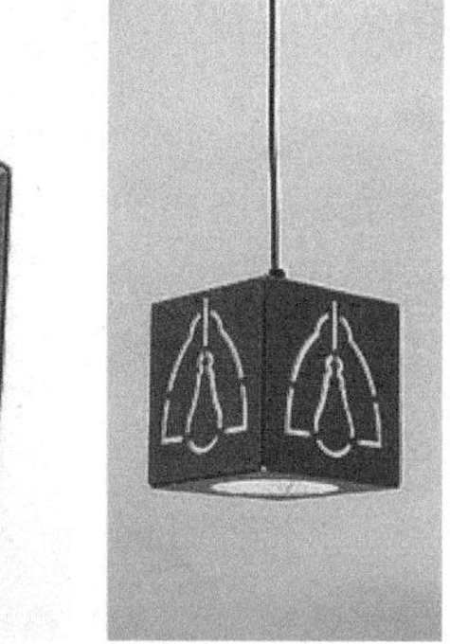

▲图 5-9

▲图 5-10

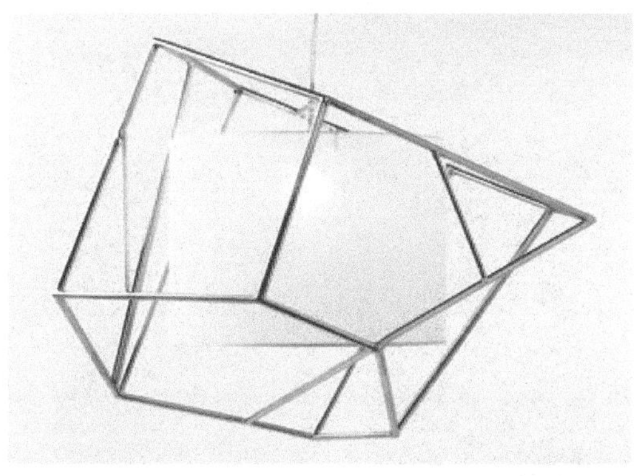

▲图 5-8

▲图 5-11

滑的平面，如图 5-9 所示，一个环保的设计，瓦楞纸既可作包装又可兼任灯罩。换个视角，平视瓦楞纸板的侧面，会发现波浪形瓦楞芯纸形成的肌理图案也很有特点，虚实结合且具有韵律美。图 5-10 为 Graypants 设计的 Scrap lights 恰巧捕捉到了肌理美。竹材在使用时，大多表现的是竹皮的细腻，很少人留意到竹材的横切面，然而竹材的横切面因维管束的存在，也有着自己独特的韵味。图 5-11 中的饰品是利用竹材横切面的肌理美拼接的，竹材横切面从竹青到竹黄的维管束从密到疏、从大到小，因此构成了一种渐变的材质肌理，把横切面拼接在一起的设计，使整个产品有极强的韵律美感。

3. 灯饰材料的光泽美

人类对材料的认识，大都依靠不同角度的光线。光是造就各种材料美的先决条件，材料离开了光，就不能充分显现其本身的美感。光的角度、强弱、颜色都是影响各种材料美的因素。光不仅使材料呈现出各种颜色，还会使材料呈现出不同的光泽度。

灯饰和家具或其他陈设饰品最大的不同就是光源对材料的照射，使材料呈现出不同的状态。灯饰设计时，可根据光通量在空间上的分配特性来选择透光材料或反光材料。透光材料受光后能被光线直接投射，呈透明或半透明状。这类材料常以反映身后的景物来削弱自身的特性，给人以轻盈、明快、开阔的感觉，如图 5-12 至图 5-14 所示。反光材料受光后按反光特性的不同又分为定向反光材料和漫反光材料。定向反光是指光线在反射时带有某种明显的规律性，材料表面光滑、不透明、受光后明暗对比强烈高光反光明显，如抛光大理石面、金属抛光面、塑料光洁面。图 5-15 和图 5-16 所示的金属材质的灯饰强烈高光反光使灯饰具有强烈的现代感。漫反光是指光线在反射时反射光呈 360° 方向扩散。漫反光材料通常不透明，表面粗糙，且表面颗粒组织无规律，受光后明暗转折层次丰富，高光反光微弱，为无光或亚光，如木质面、水泥面，这类材料以反映自身材料特性为主，给人以质朴、柔和、含蓄、安静、平稳的感觉。如图 5-17 所示的水泥灯饰；图 5-18 所示的陶瓷灯饰。

▲图 5-14

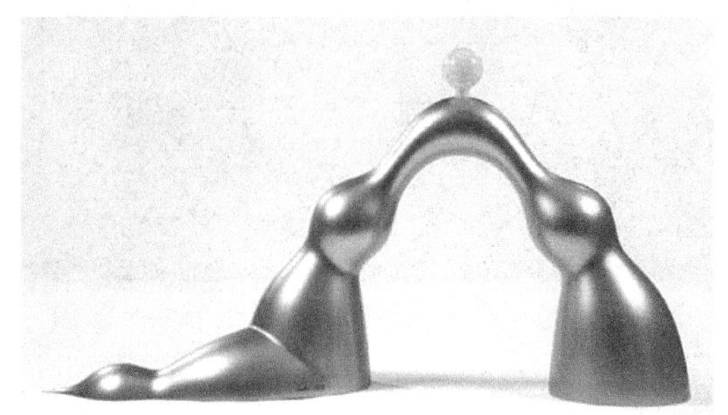
▲图 5-15

▲图 5-16

▲图 5-17

▲图 5-13

▲图 5-18

▲图 5-12

4. 灯饰材料的质地美

材料的质地是材料内在的本质特征，主要由材料自身的组成、结构、物理化学特性来体现，主要表现为材料的软硬、轻重、冷暖、干湿、粗细等。图 5-19 为施华洛世奇公司与两位设计师 Patrik Fredrikson 和 Ian Stallard 合作的水晶灯。水晶材质反射光线，也被光线穿透；透明，同时也具有物质存在感。灯饰通过多面体的切割造型，把水晶材料聚焦、反射、分散光线的特性都表现出来。图 5-20 是以色列特拉维夫设计师 Nir Meiri 利用当地材料对艺术和商业平衡的一次“非常规”挑战。灯罩骨架上有新鲜采摘放置的海藻，干了之后就形成“自然”的灯罩了。

▲图 5-19

▲图 5-20

二、灯饰材料的感觉特性

灯饰材料的感觉特性是隐含在人们内心的情感信息。随着时代和社会的发展，人们对产品的追求已经不仅仅满足功能的追求，而开始关注灯饰带给人们精神生活的体验。因而，在灯饰设计时，充分研究材料的感觉特性在设计中的应用，可以为灯饰的创意带来更多的灵感。

材料的感觉特性是人的感觉系统因生理刺激而对材料做出的反应，或是由于人的知觉系统从材料表面特征得出的信息，是人对材料的生理和心理活动。它建立在生理基础上，是人通过感觉器官对材料产生的综合印象。按照感觉信息来源的不同，可以将人的感觉分为视觉、听觉、嗅觉、味觉和触觉。但在人们实际感受灯饰时主要依靠的是视觉和触觉。根据材料给人的感觉特性划分为粗犷与细腻、温暖与寒冷、华丽与朴素、浑重与单薄、沉重与轻巧、坚硬与柔软、干涩与滑润、粗俗与典雅、透明与不透明等基本感觉属性。

材料感觉特性在灯饰设计中的应用，一方面要更加专注于挖掘材料固有的表现力，重视材料自然质感的表达，以满足当代人在高科技时代下返朴归真的追求；另一方面，要积极探求材料加工与面饰的新工艺，拓展材料人为质感的应用，丰富产品的质感表达，为人们的生活提供更丰富多彩的情感体验。

1. 重视材料自然质感的表达

自然质感是材料本身固有的质感，是材料的成分、物理化学特性和表面肌理等物面组织所显示的特性。不同的材料具有其独特的自然美感，呈现出不同的感觉特性，例如木材、金属、玻璃、塑料、皮革和陶瓷，每一种材料都具有其天然的独特材质和情感，如表 5-1 所示，极大地丰富着产品的造型语言。由于现代人在高科技时代对于自然和自然本质的追求更加强烈，人们的心理审美倾向更关注于自然质感的天然性和真实性。因此，在产品设计中要合理应用材料原始的感觉特性，充分地表现材料的真实感和朴素、含蓄的天然感。

2. 拓展材料人为质感的应用

人为质感是人有目的地对材料表面进行技术性和艺术性的加工处理，使其具有材料自身非固有的表面特征。随着新材料的研发和表面处理技术的发展，材料的质感效果将会变得更加丰富多彩，所以要积极拓展材料人为质感的应用，以满足人们求新，求奇的心理需求。对材料进行人为处理后，材料可产生同材异质感和异材同质感。

同材异质感是指对物面固有质感进行改造性的物理加工处理，使其既保留了物面固有的自然质感，又产生了人为质感的系列变化。在灯饰设计中使得产品的质感在统一中求变化，具有明显的装饰性。比如，铝材饰面采用如腐蚀、氧化、抛光、旋光、喷砂、丝纹处理及高光、亚光、无光等面饰工艺，产生不同质感；工程塑料饰面，可进行涂装、电镀、喷砂、烫印等处理；玻璃饰面，可进行冷加工、热加工、磨刻、蚀刻、喷砂、化学腐蚀等处理；同一种木材，进行横切、纵切、弦切处理，而产生断面纹、直面纹、斜面纹、涡纹、带状纹、皱状纹等纹理变化，成为丰富的视觉质感系列；纸张饰面，可进行上胶、上光、砾光、制皱、压印、涂布等处理，产生不同质感；水泥饰面，可作水磨石面、水洗石面、水刷石面、拉毛面、砍石面、硼砂酸浸、氟化面等。图 5-21 为 Vistosi 设计的一组全新的手工吹制悬挂灯系列，名为

▲图 5-21

表 5-1　材料的特性

材料	感觉特性
木材	自然、协调、亲切、古典、手工、温暖、感性
金属	人造、坚硬、光滑、理性、拘谨、现代、科技、冷漠、凉爽、笨重
玻璃	高雅、明亮、光滑、时髦、干净、整齐、协调、自由、精致、活泼
塑料	人造、轻巧、细腻、艳丽、优雅、理性
皮革	柔软、感性、浪漫、手工、温暖
陶瓷	高雅、明亮、时髦、整齐、精致、凉爽

▲图 5-22

Futura。特别的手工吹制过程使玻璃吊灯的上半部分呈透明状，而底部则呈现亚光色。通过同一盏玻璃吊灯的透明面和亚光面，照射出两种不同的效果，两者结合在一起营造出一个安详和谐的氛围。图 5-22 所示的金属材质灯饰，内外面不同的处理呈现出一个亚光面一个亮光面，对比强烈。

异材同质感是指对物面固有质感做破坏性的化学加工处理，赋予物面新的非固有质感或其他材质的质感，使不同质材有统一的质感。在灯饰设计中使得产品的质感在变化中求得统一。如塑料与金属，同样做镀铬处理，能产生完全一致的铬金属表面质感，掩盖了材料原来的固有质感。又如木材与金属，同样作不透明的油漆涂装工艺处理产生完全一致的新的漆面质感。此外异材同质感由于其伪装性和假借性，可以弥补材料本身质感的不足。

三、灯饰材料的情感语义

关于情感语义，由瑞士心理学家、语言学家索绪尔开创的现代结构主义语言学习惯于将其纳入外部语言学的研究范畴，认为情感内容涉及的是语言外事实而不是语言本身，它关注的是系统中词的概念意义（或称概念—物象意义、逻辑—概念意义、理性意义等）。情感语义自然与情感密切相关。所谓情感，是指人类反映世界的一种形式。它反映的是存在于现实世界的事物和现象与人的关系，而不是事物和现象本身，即反映的不是事物和现象的属性，而是这些属性对于人生活的意义。情感对于具体的人来说，是评价这种意义的方法。材料情感语义是人的感觉系统因生理刺激而对材料做出的情感反应，或由人的知觉系统从材料表面特征得出的信息。任何材料都充满了灵性，都在默默地表达自己。

材料的情感语义激发了设计师的无限创意，认识和了解材料的情感语义是现代设计的一个重要前提。如何创造符合材料情感特性的灯饰造型语言是当前灯饰设计所要解决的重要问题，而对于材料固有特性和表现力的理解又在一定程度上决定了设计师的创造能力。

1. 适用性应用

材料的情感语义是材料性能、质感和肌理的信息传递。在选择材料时首先要考量材料的使用性能，如强度、耐磨性等，当然，还要考量其加工工艺性能是否可以满足使用的需要。在灯饰设计中，充分利用材料的情感语义对于更好地发挥产品的功能具有重要作用。一个成功的灯饰设计并不在于用材的高级与否，也不在于使用材料种类的多少，而是要在体察材料质地特征的基础上，精于选用恰当的材料，使材料配置与情感语义和谐统一。图 5-23 所示的短棍台灯是设计师 Zoe Coombes 和 David Boira 组合的一系列作品之一，木质外壳加冷光源灯泡，在木质外壳上创建了精致的扇贝边

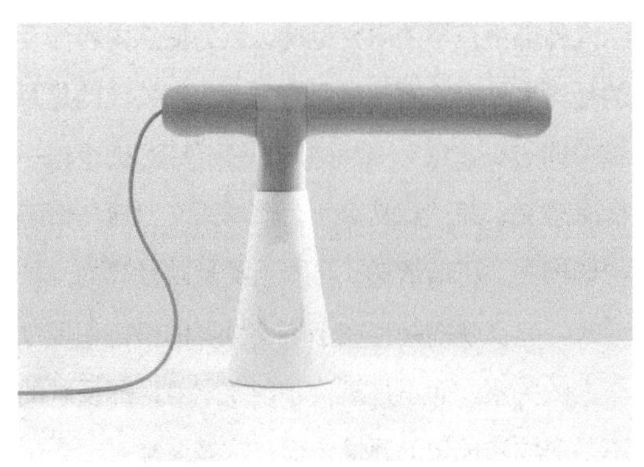

▲图 5-23

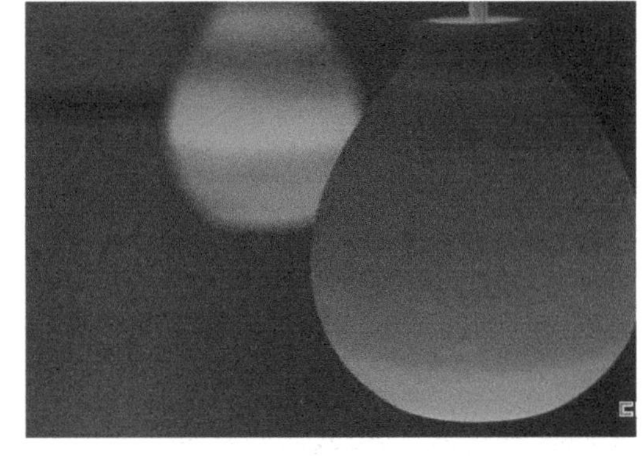

▲图 5-24

环的表面效果，可使人们舒适地抓握，便于用力定位和动作控制，从而移动台灯的方向。

2. 宜人性应用

材料的美来自于人对材质的熟悉和了解以及材料给人的亲和力程度。一般来说，传统的自然材料朴实无华而富于细节表达，它们的亲和力要优于新兴人造材料，后者虽大多质地均匀，但缺少天然的细节和变化。材料的质感肌理通过产品的表面特征给人以视觉和触觉感受并引出心理联想和象征意义，因此在选择材料时还要考虑材料与人的情感关系的远近。质感和肌理本身也是一种艺术形式，通过选择合适的造型材料来增加感性成分，可增强产品与人之间的亲近感，使产品与人的互动性更强。

材料情感语义的合理运用，在于以人为本的设计思想。充分挖掘产品的材料美，在把握其色彩、肌理、质地的基础上进行合理配置，能给人以赏心悦目、体舒神怡的生理及心理感受。图 5-24 为日本设计师 Hikaru Yajima 用自己研发的玻璃混合粘土新材料烧制的陶瓷，制作的这款 Tou-Light 吊灯，不但陶瓷更加通透，光线更加柔和，而且还会散发着特殊的粘土香味，瞬间打动人们内心最柔软的部分。

3. 多样性应用

新材料的出现和新工艺的发展，使得产品材料传达的情感语义越来越丰富，也使得产品设计更趋于材料的多样性应用，乃至形成全新的产品风格。通过电镀、表面涂覆、蚀刻、喷砂、切削、抛光等不同的表面处理工艺，或不同的材料结合，可获得材料的不同反映特性，使相同材料具有不同的情感语义，而不同材料也可获得相同的情感语义。如电镀不仅可改变塑料表面性能，而且可使塑料表面呈现金属的光泽和质感；带喷砂图案的玻璃与木材和不锈钢结合制作的家具，通过透明与半透明、不透明的对比，给人以柔和、含蓄、实在的感觉。人为质感与自然质感相结合的设计，使产品充满生机与活力。另外，在设计中，设计师们大胆选用新材料，充分挖掘材料的表达潜力，并运用一些反常规的手段对之进行加工处理，把差异很大的材料组合在一起，往往能创造出令人惊喜的、全新的产品材质效果。

4. 品位性应用

既然材料有情感语义，其本身的应用也就具有品位性。材料的精神品位就是材料的意境。材料的品位性通过对材料应用的艺术创作得以

体现，从而丰富材料本身的内涵，扩展材料的表现力和感染力。在产品设计中，材料的物理特性和感觉特性被引发出产品的内在意蕴时，它们就会更贴切地与设计的主题和内容融合成一体，使产品具有更生动、更强烈的艺术魅力。要实现从材质形象到意境的飞跃，就要熟悉各种材料的情感语义特性，把握好各种材料的对比效果，从灯饰整体出发，注意灯饰的整体和谐，这样才能设计出有品位的灯饰。

第二节 灯饰材料的设计表现力

一、金属灯饰设计

金属材料是由金属元素或以金属元素为主构成的具有金属特性的材料的统称。包括纯金属、合金、金属间化合物和特种金属等。金属材料以其优良的力学性能、加工性能和独特的表面特性，成为现代灯饰设计中的一大主流材质。

金属材料的感觉特性既有生理心理属性又具有物理属性。其中，金属材料的生理心理属性是指金属材料表面作用于人的触觉和视觉系统的刺激性信息，如浑重与单薄、华丽与朴素、坚硬与柔软等基本感觉特性；金属材料的物理属性则是指材料表面传达给人的知觉系统的意义信息，即是材料的类别、性能等，如金属材料的色彩、光泽、肌理和质地等。

金属材料的基本特性给灯饰的视觉表达提供了基础，也使灯饰呈现出现代风格的结构美、造型美和质地美。

（1）金属材料表面具有金属所特有的色彩、良好的反射能力、不透明性及金属光泽，呈现出坚硬、富丽的质感效果。图 5-25 和图 5-26 所示的金属灯饰展现了不同的金属光泽和质感效果，让灯饰呈现出后现代工业感。

▲图 5-25

▲图 5-26

（2）金属材料有优良的加工性能（包括塑性成型性、铸造性、切削加工及焊接等性能）。金属可以通过铸造、锻造等成型，可以进行深冲加工成型，还可进行各种切削加工，并利用焊接性进行连接装配，从而达到灯饰造型的目的。图 5-26 所示的灯饰由金属片材切削加工而成；图 5-27 所示为金属线条构成的灯饰，良好的焊接性能让灯饰线条流畅。图 5-28 所示的灯饰则表现了金属铸造加工性能的厚重。

（3）金属材料表面工艺性好。在金属表面可进行各种装饰工艺获得理想的质感。如利用切削精加工，能得到不同肌理的质感效果；如镀铬抛光的镜面效果，给人以华贵的感觉；而镀铬喷砂后的表面成微粒肌理，产生自然温和雅致的灰白色，且手感好，此种处理用于各种金属操纵件非常适宜；另外在金属表面上进行涂装、电镀、金属氧化着色，可获得各种色彩，装饰工业产品。图 5-29 所示的金属壁灯，金属表面进行了电镀，光亮度提高，在墙壁上形成点状的光源。图 5-30 所示的灯饰金属氧化着色，把圣彼得罗大教堂穹顶映射在灯罩上。

现代金属材料的运用及发展与以往任何时期相比都有着更多、更鲜明的变化。首先，与传统金属艺术的肌理表现比较，崇尚回归自然的心理引导金工艺术家们注重金属材质感的表现，力求通过肌理的巧妙设计与恰当取舍更好地展现不同金属材质的韵律及光感。

现代金属材料的运用能够充分地展示金属灯饰内在的审美潜能，赋予作品更多样的内涵及生命力。金属肌理的无穷变化、丰富律动在给观赏者带来富含人文情怀的视觉感受的同

▲图 5-27

▲图 5-28

▲图 5-29

▲图 5-30

时，还表现了创作者的思想与领悟，散射着绚丽华美的金属光晕，为观赏者提供了自由的想象空间。

二、塑料灯饰设计

塑料是人造的或天然的高分子有机化合物，这种材料在一定的高温和高压下具有流动性，可塑制成各式灯饰，且在常温、常压下，制品能保持其形状而不变。塑料具有质量轻、成型工艺简便的特点。物理、机械性能良好，并有抗腐蚀性和电绝缘性等材料属性。塑料的品种很多，常用于灯饰产品的塑料包括玻璃纤维塑料（玻璃钢）、ABS树脂、高密度聚乙烯、泡沫塑料、压克力树脂五种。

塑料是一种高分子材料，具有优良的隔热、隔音、防潮、耐氧化等物理和化学性能，可根据需要与用途调配成不同的颜色、密度、软硬度，并有着极好的可塑性。塑料的成型方式多样，注射、挤出、吹塑、压制等成型方式可以满足不同灯饰造型的需要。

可塑空间大，使得塑料材质在日常生活中的比例越来越高。塑料灯饰因为具有可塑性兼顾人体工学、功能性、灵活性与耐用性，在造型、颜色、创意上的无限变化，更能符合灯饰设计师的想法。图5-31所示的Marie-Louise桌灯，采用透明压克力，精美的雕工呈现出维多利亚的华丽风格。图5-32所示的吊灯由一把一把的塑料勺子构成，塑料勺子在成型时把气泡包裹在塑料里，形成半透明的视觉效果，这样组成的灯罩对直射的光线进行了阻挡，使光源柔和。图5-33中的“avia & aria”是设计师扎哈·哈迪德（Zaha Hadid）为灯具品牌slamp设计的系列灯具。哈迪德戏剧化地将建筑元素与材料

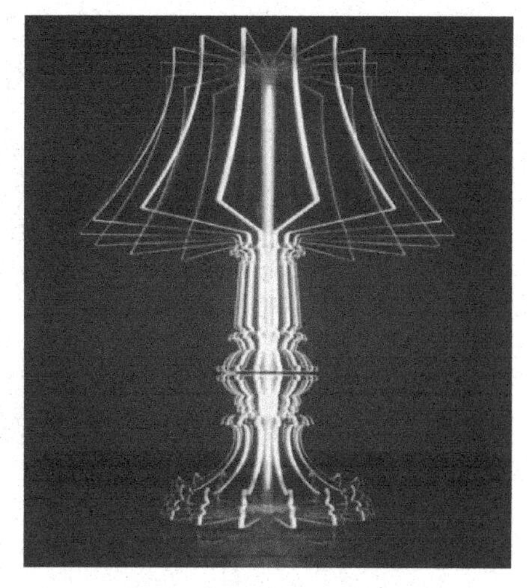

▲图5-31

▲图5-32

▲图5-33

▲图 5-34

固有的失重感结合起来，创造出了灯光与科技相混合的雕塑感灯具。这个灯具复杂的结构实际上是由 50 个单独的 Cristalflex“叶片”（一种高透光度聚合物）组成的，复杂却又和谐的褶皱含蓄地包围着光源。“avia & aria”不仅有着个性的外表，它内部的六个光源和向下的聚光灯还可以提供室内 360° 全方位的照明光线。图 5-34 为 2015 年意大利米兰灯具展作品，透明的合成树脂材料的运用表现了抽象花朵的轻盈。

三、玻璃灯饰设计

在科学技术高度发展、各种自然材料和人工材料日益丰富的今天，玻璃这一“古老而新兴、奇特又美丽”的材料，正前所未有地发挥出它的特性。玻璃具有一系列的优良特性，如坚硬、透明、气密性、不透性、装饰性、化学耐腐性、耐热性及电学、光学等性能，而且能用吹、拉、压、铸等多种成型和加工方法制成各种形状和大小的制品。玻璃作为现代设计中一大媒介材料，已经成为人们现代生活不可缺少的材料。此外，从环境保护的角度看，玻璃作为“绿色”材料，将是 21 世纪普遍看好的材料。

玻璃的强度高与其成分、结构和工艺有关。玻璃的抗压强度较高，抗拉强度较低。玻璃是典型的脆性材料，硬度较大，仅次于金刚石、碳化硅等材料，它比一般金属硬，不能用普通刀和锯进行切割。因此玻璃灯饰设计时，造型多采用较为圆润的弧线，较少出现锋利的锐角。

玻璃是一种高度透明的物质，具有一定的光学常数、光谱特性，具有吸收或透过紫外线和红外线、感光、光变色、光储存和显示等重要光学性能。

玻璃的成型方法较多，常见的包括压制成型、吹制成型、压延成型、拉制成型和浮法成型。随着目前 3D 打印技术的进步，玻璃材质也进入了 3D 打印的范畴，不同的成型方法为玻璃灯饰造型带来了好的技术支持。图 5-35 为压制成型的玻璃灯罩能满足一体性，也可压出不同的花纹，改变光的折射率。图 5-36 为吹制成型的灯罩营造了一种气泡的轻盈感。图 5-37 所示的灯饰由卡尔维 Brambilla Architetti 设计。一组由 LED 组成的被吹制的玻璃球体，安装在可向下提供光源的铝制中心灯体上，吊灯

▲图 5-35

▲图 5-36

▲图 5-39 ▲图 5-40

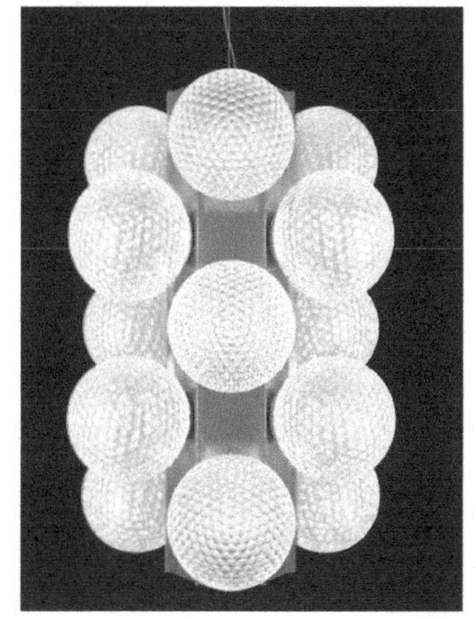

◀ 图 5-37

▲图 5-38

风格灵感来自菲利普·约翰逊的内饰。带有浮雕图案的灯泡能对光线产生轻柔的过滤效果。图 5-38 为设计师哈里·科斯基宁的作品，采用人工浇铸制作而成，成型后经过长时间的冷却过程，因此在温度急速变化时，不会产生龟裂的现象。中间的雾面灯泡空间由喷砂处理而成。冰块灯造型简洁，质感十足。

图 5-39 中 TAC/TILE 的设计灵感源于 1932 年的 Maison de Verre（玻璃屋）、捷克的城市街道、中国传统的瓦式屋顶、美国纽约的熨斗大厦和现代主义玻璃砖。简洁纯粹的三角形轮廓构成主体造型，应用广泛，被制作成台灯、落地灯和吊灯。图 5-40 则是利用最新的 3D 打印技术成型，使灯饰具有很流畅的弧线和旋转面，光线穿过灯饰产生了奇妙的变化。

玻璃制品成型以后，还要经过研磨、抛光、切割、磨边、喷砂、刻花、玻璃彩饰、玻璃蚀刻等二次加工，增加了玻璃灯饰的艺术气息。图 5-41 中的，名为 Flowt 的吊灯，由 Nao Tamura 为 Wonderglass 设计，灵感来源于威尼斯湖泊的蓝绿色谱，通过玻璃彩饰描绘了浪漫的威尼斯城夜景，浪漫宁静的城市之光。图 5-42 所示的 Candy 灯具，由 Campanas 兄弟设计，这个作品灵感来自于两兄弟童年记忆里的硬糖果，五颜六色的彩饰玻璃使灯饰表现出糖果的质感和欢乐的联想。图 5-43 和图 5-44 所示，通过氢氟酸的腐蚀作用在灯饰上呈现了透明和不透明的对比，丰富了玻璃材质的视觉表现。

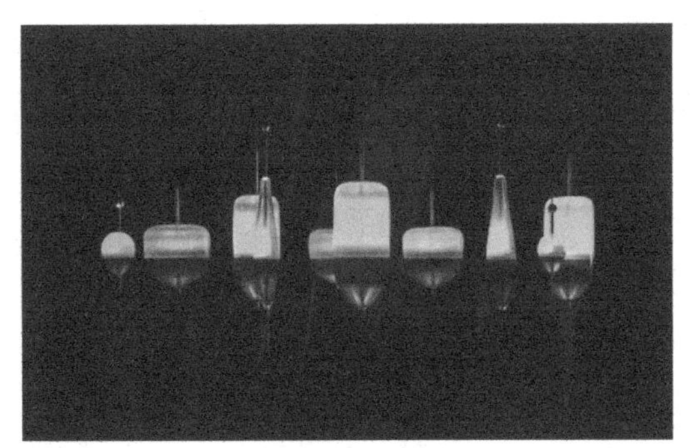

▲图 5-41

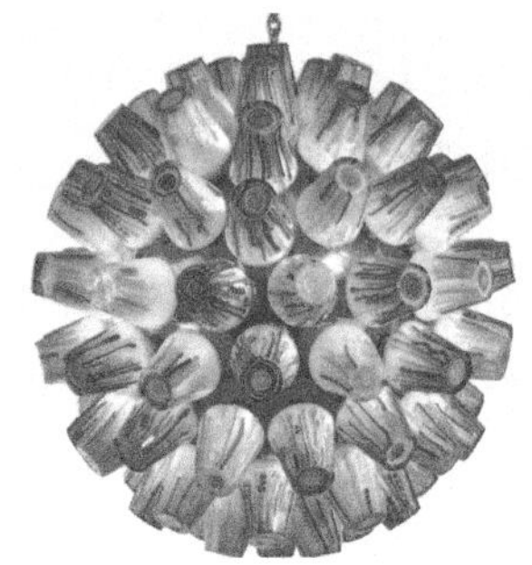

▲图 5-42

四、陶瓷灯饰设计

传统陶瓷一般是指陶器和瓷器的通称。陶器用陶土作胎，其胎体质地比较疏袱，敲击发出的声音低沉浑浊。瓷器一般认为主要是以瓷石或者高岭土为原料，富含长石、石英石和莫来石等成分，含铁量低。陶器的烧成温度一般在 700℃以上，1200℃以下，通常表面不挂釉，即使挂釉也大多是低温挂釉，按烧成温度、方法以及制作原料的不同可以分为红陶、灰陶、彩陶、黑陶和釉陶等。瓷器的烧成温度一般在 1200 ~ 1400℃，可分为中温瓷器、高温瓷器、胎质致密，具有透明和半透明性，敲击可发出清脆的声音。

陶瓷灯饰的成型，就是采用不同方法将坯料制成具有一定形状和尺寸的坯件。根据成型方法的差异，陶瓷的成型可分为模具成型、泥板成型、拉坯成型、外塑内挖成型和泥条盘筑成型等。

陶瓷的装饰有施釉装饰、刻花装饰、贴文装饰和透雕装饰。图 5-45 所示的手工陶瓷灯，设计者在制作时加入了透光的玻璃材质在陶瓷里，陶瓷的质朴、温润和玻璃的透亮形成材质上的对比。图 5-46 所示为 Electric Mavis Luminare 的灯，使用回收的美丽陶瓷茶具为原材料，即循环利用了材质，也突破茶杯在人们心理使用功能的界限，创意十足。图 5-47 中，挪威设计师 Vibeke Skar 和 Ida Noemi Vidal 通过磨砂将挪威毛线编织的传统纹样作为陶瓷表面肌理，在灯光衬托下，展现出陶瓷和编织面料的双重质感，为原本生硬的陶瓷增添了不少温暖气息。图 5-48 所示的系列化的陶瓷灯上釉的光泽度高、无釉面的质朴、几何化的形体、釉面不同比例的分割，体现了北欧的简约之风。图 5-49 所示的丹麦陶艺师 Helena Hedegaard 的陶瓷灯则做了陶瓷透雕装饰，简洁而不失未来感。

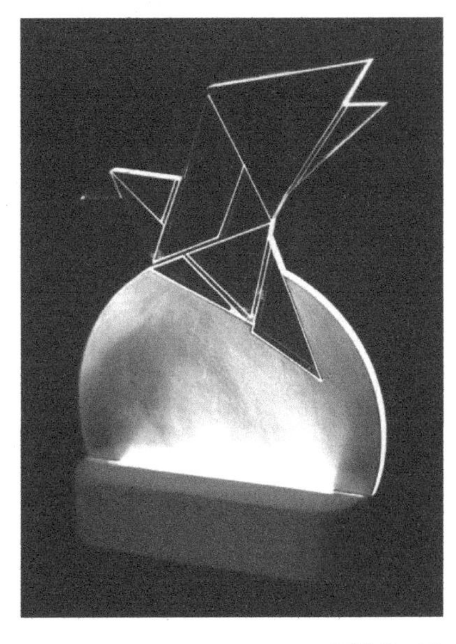

▲图 5-43

▲图 5-44

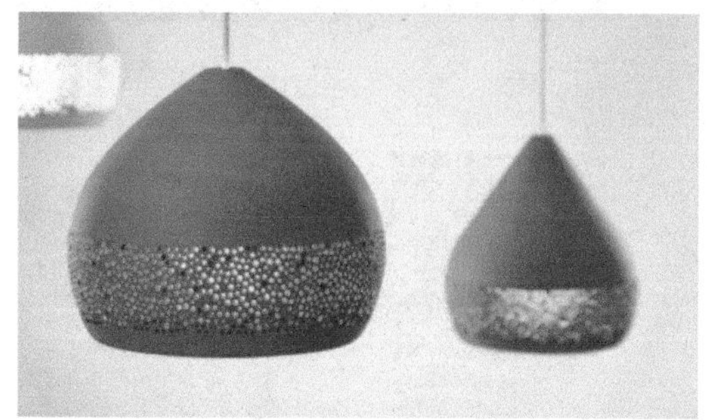
▲图 5-45

▲图 5-46

▲图 5-47

▲图 5-48

▲图 5-49

五、生态材料的灯饰设计

1. 木质灯饰

木材是一种优良的造型材料，自古以来，它一直是最广泛、最常用的传统材料，其自然、朴素的特性令人产生亲切感，被认为是富于人性特征的材料。

随着全球范围内资源和能源的日渐匮乏以及环境污染的日趋严重，节能、环保的绿色设计材料重新得到审视。就灯饰而言，在金属、玻璃、塑料等工业材料营造的现代灯饰丛林中，木质灯饰曾一度被忽视，但在如今倡导绿色和可持续发展的潮流中，兼具功能性和装饰性的木质材料凭借所积累的丰厚的艺术文化底蕴、再生循环的环境属性以及返璞归真的自然材质再立潮头，并成为灯饰用材的未来发展方向之一。

木材有其独特的自然美学价值，赋予了灯饰设计中更多的创造空间。其一是纹理美。木材天然的自然纹样使木质灯饰显示出温和典雅的美感。状如漩涡的鸡翅木、直细条纹的红木、山形纹样的花梨木、猫眼样的檀木、勾线纹样的鹅掌楸木等。其二是色彩美。木材因树种不同产生了千变万化的颜色，如浅色调的枫木、桦木、橡木、白蜡、椴木等，深色调的檀木、核桃木、柚木等，暖红色调的山毛榉木、榆木、枣红木等。共同形成深浅冷暖的各色系，更重要的是木材的颜色因其温润的质地更加柔和，能够给予舒适自然的色彩视觉感受，极具审美价值。其三是质地美。木材的硬度适中，经过磨制雕刻呈现出极具柔和亮泽的古朴质地。木材表面可以通过贴饰、喷料、涂抹、印刻达到最为完美的质地表现，同时易于颜料上色，表现出极强的质地审美价值。其四是工艺美。中国在漫长的木质装饰材料应用中，创制了系列的彩绘、彩刻、螺钿、镶嵌、雕刻等木质工艺，从文献和历史遗存中可见丰富的工艺表现，体会到木质装饰材料极具震撼力的工艺审美价值。图 5-50 为英国本土家居设计公司 Obe & Co 在 2012 年伦敦设计节展出的作品 Spotty Lamps，它巧妙地利用了不同木材压合，结合多种木材的天然材色，使木质灯罩有丰富的色彩。图 5-51 为设计师 Eduard Golikov 创作的优雅木雕鲸鱼。利用桦木制作，先用激光切割，再组装成一系列形状，整个作品质朴而不失活泼。图 5-52 所示的灯饰则保留了木材粗糙的外观肌理和年轮特色，切割的落空排列不但有韵律感，也使光线从内部流淌出。在木质灯饰设计中除了实木、薄木和人造板等，其他木质材料也可用到设计中，图 5-53 为丹麦设计师 Tom Rossau 利用胶合板切割成的螺旋灯，叠加的木条使灯饰有很强的韵律感。

▲图 5-50

▲图 5-51

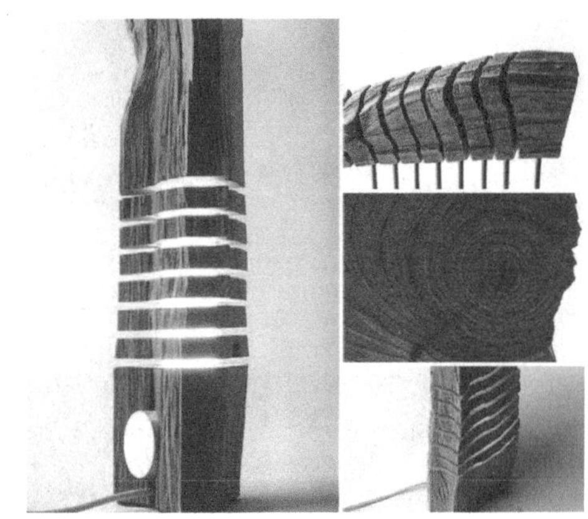

▲图 5-52

▲图 5-53

2. 竹质灯饰

竹材是一种生态材料，资源成本、生产成本和开发成本都比较低，是一种很经济的原料；同时，竹质材料特殊的形态和物理化学性能赋

▲图 5-54

▲图 5-55

▲图 5-57

予了产品设计丰富的体验。竹这种自然材料，它的国际认同感越来越强大，国际竹藤组织开始致力于对竹专门的研究；许多现代设计师们也尝试着将竹材料应用于各种新的领域。竹与灯饰的结合自古有之，竹灯笼是中国古代照明工具之一。从竹质材料制作灯饰的工艺上，竹质材料的物理性能能够进行造型方面的多种尝试，加上中国传统精湛的竹工艺、现代造型设计的理念，因此竹质材料是灯饰的绝佳材料。竹质材料应用于现代灯饰产品上是有很大应用空间和发挥余地的。图 5-54 为来自杭州的设计工作室 Innovo Design 设计的这盏优雅的竹灯“旋”，在 2011 年意大利米兰家具展展出。这是简洁的绿色设计的绝佳案例，灯罩借鉴了传统的中国工艺——在固定的基础上将竹子分成根根细丝，再把每丝竹子梳理成一个旋转的漫射器，仿若轻纱笼罩。设计的初衷就是让这盏充满活力的灯，在靠近打开的窗户旁，随风轻舞。“旋”，在生命的热流中绽放、旋舞、自由不羁，坚韧的外在下，散发着温柔、优雅的情怀。图 5-55 为“Nature Bamboo”，一个由自然家设计工作室所创立的原创竹制灯具，灯罩的框架用竹制作，灯罩则用竹叶制的，既是生态设计之作，也体现了浓浓的禅意。图

▲图 5-56

5-56 中把竹编的技艺作为灯饰特色的展示。图 5-57 为利用圆竹技艺设计的户外景观灯，断面斜切，光源置于竹筒内，看到反光的竹筒内壁，柔和、静谧。

3. 纸质灯饰

纸作为一种绿色环保材料在工业设计领域得到了广泛的应用，近些年来在灯饰设计中也得到了很大的应用。对于设计师而言，纸是一种绿色的、多功能的、高贵的和简洁的材料。纸材的种类很多，包括纸、瓦楞纸板、蜂窝纸板、纸浆等，它的加工工艺也多样化，给灯饰的创作带来了更灵活的表达。图 5-58 为日本 Nendo 设计工作室为日本谷口・青谷和纸公司

▲图 5-58

▲图 5-59

▲图 5-60

设计了一系列名为半和纸（semi-washi）的灯具，灯的上半部分采用新工艺，下半部分采用传统工艺，上面褶皱，下面平滑；上面松散，下面紧绷。像富士山，又像是馒头。既体现了传统，又体现了新工艺。图 5-59 所示的纸灯分别利用了平张纸的折叠、弯曲、剪裁工艺，纸灯的造型丰富，变化多样。图 5-60 为手工蜡纸制作的灯饰，半透明的材质层层围合，使光线部分透过，不会产生炫光又很柔和。图 5-61 为瓦楞纸板制作的灯饰，巧妙地利用了瓦楞芯纸的波浪结构，可使光线从中流出，层层重叠的结构使线条感很丰富。

4. 其他生态材料灯饰

随着绿色生态的理念被越来越多的设计师所接受并在自己的作品中体现，打破了传统材料的束缚，自然界中许多材料被挖掘并用到现代灯饰设计中。图 5-62 为葫芦灯饰，图 5-63 为椰壳灯饰。

▲图 5-61

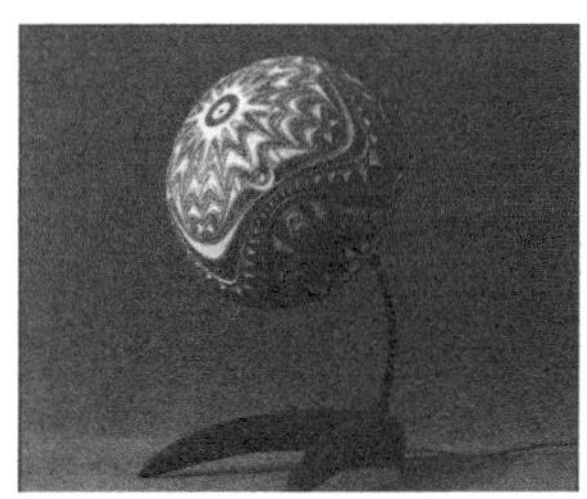

▲图 5-62

▲图 5-63

六、新材料的灯饰设计

灯饰设计中的新材料有两层含义，一是指绝对意义上的新，结合了新技术，全新开发的材料，材料本身具备传统材料所没有的性能优势。图 5-64 为设计师 Margje Teeuwen 使用多功能生物降解无纺塑料制品制作，结合了塑料和纸材的特性，由于灯饰材料十分特殊，使用者完全可以根据自己的喜好塑造出不同的形状。图 5-65 为一款合成的软体树脂，材料特性是根据环境的空间任意变形，可塑性很大。二是相对新，材料本身不是新开发的，之前不曾运用到灯饰这类产品上，但现在开始运用。图 5-66 所示的毛线、棉线、麻线等材料为纺织品行业的主要用材，以前极少用在灯饰设计中，而近来，设计师发现编织在灯饰上有极佳的视觉变现力，编织镂空的网眼结构可以透光，而不同的编织用材又带来多样化的编织纹理。图5-67所示，水泥之前是建筑行业的常规材料，质感粗糙、密度大，如今随着消费者个性化的追求，水泥灯饰也出现在灯饰市场，受到消费者的欢迎。

▲图 5-64

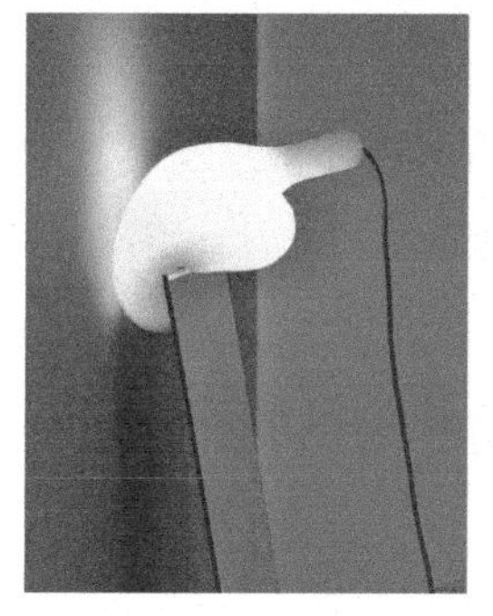

▲图 5-65

▲图 5-66

▲图 5-67

第三节 灯饰设计的材料选择

一、选择原则

1. 材料的外观

考虑材料的感觉特性。根据灯饰的造型特点、民族风格、区域特征，选择不同质感、不同风格的材料。

2. 材料的固有特性

材料的固有特性应满足灯饰功能、使用环境、作业条件和环境保护的需要。

3. 材料的工艺性

材料应具有良好的工艺性能，符合造型设

计中成型工艺和表面处理的要求，应与加工设备及生产技术相适应。

4. 材料的生产成本及环境因素

在满足设计要求的基础上，尽量降低成本，选用资源丰富、价格低廉、有利于生态环境保护的材料。

5. 材料的创新

新材料的出现为产品设计提供了更广阔的前景，满足产品设计的要求。

二、影响灯饰材料选择的基本因素

1. 功能

无论什么样的灯饰，都必须首先考虑产品应具有的功能和所期望的使用寿命。这样的考虑必定会在选用何种材料时做出总的指导。

2. 基本结构要求

灯饰的基本结构包括灯头、灯座、灯罩、支架等，除此之外还有一些连接的五金配件。灯罩材料的选择除了考虑光学特性外，还必须考虑热学特性。支架材料的选择除了考虑和灯罩匹配的美学特性以外，还要考虑灯饰整体的受力，即考虑灯饰的力学特性。

3. 外观

就灯饰的表面效果来看，材料还影响着表面的自然光泽、反射率与纹理，影响着所能采用的表面装饰材料和方式，影响着装饰的外观效果和在使用期限内的恶化程度与速度。至于造型所采取的制造工艺与手段，如浇铸、模铸、冲压、弯折或切削等也在很大程度上依赖于所采用的材料。

4. 安全性

材料的选择应按照有关的标准，并充分考虑各种可能预见的危险。

5. 市场

设计者必须对未来可能使用自己所设计的产品的消费者进行调研。如果可能，应尽量使自己的产品达到或超出消费者所期望的程度。消费者对某些产品所选用的材料还受到传统习惯的束缚，在一定时间内未必会被消费者接受。问题在于当我们选择新材料替代传统材料时，如何在造型设计上、在广告宣传上设法让消费者能够更快地适应和接受。

三、灯饰设计中绿色材料的选择准则

① 少用短缺和稀有的原材料，多用废料、余料或回收材料作为原材料，尽量寻找短缺或稀有原材料的代用材料。

② 尽量减少产品中的材料种类，以利于产品废弃后能有效回收。

③ 采用易加工且加工中无污染或污染最小的材料。这是从制成零件（产品）的制造过程来考虑的。

第四节　灯饰设计的材料创意

一、运用材料搭配塑造灯饰个性

不同的材料有不同的感觉特性，木材的自然、亲切、温暖；金属的坚硬、理性、现代；玻璃的高雅、明亮、活泼；塑料的轻巧、艳丽；陶瓷的高雅、精致。除了单一使用某一种材料以外，在灯饰中材料的组合也会碰撞出别样的火花。图 5-68 中，金属为不透光材料，表面有金属光泽，玻璃为透光材料，整个灯饰从不透光到半透光，再到全透光，过渡自然，实与虚、彩色与非彩色的对比使灯饰造型立体。图 5-69 中，竹枝和手工纸的搭配刚柔相济。图 5-70 中没有肌理的树脂材料与纹理丰富的木材搭配，相互衬托，木质肌理较单独使用更清晰，而树脂也显得分外光滑。

▲图 5-69

二、利用光源照射凸显材料纹理

灯饰和其他的陈设设计在选材上的最大不同是，普通的陈设设计只要考虑自然光照下的色彩、肌理，而灯饰是具备不同光源照射的。灯光照射在不同材料上会产生不同的效果，如反射、折射、穿透、漫射、吸收，利用材料的不同特性，可以创造出光与材料综合的艺术效果。“和光同尘，自然共生”是灯饰设计的哲学命题，材料结构起伏变化会形成阴影，受光面和背光面呈现出细微起伏的结构变化，光影的变化让灯饰呈现了空间立体感。部分透光材料在光源照射下，材质的组成、缺陷都可以被放大得更明显，这是弊端也是

▲图 5-70

▲图 5-68

灯饰材质创意的一个方向。利用光源体现材质纹理美，图 5-55 所示的竹纸灯罩除了可以看到竹叶，也可以看到丝状的竹纤维。

三、跨界使用材料，丰富的灯饰创意

打破常规，用陌生的眼光看待熟悉的实物，挖掘材质的新奇面。在灯饰设计过程中，不要只局限于对传统灯饰的了解，多观察周边环境，从其他领域或类别里汲取材料的利用及表达方式。图 5-71 和图 5-72 所示中，从服饰和纺织行业里找寻材料用在灯饰设计中，无疑是大胆的尝试。

▲图 5-71

▲图 5-72

第五节　灯饰材料设计的发展趋势

一、自然淳朴、返璞归真的自然材料

一方面，作为画龙点睛的灯饰，对环境格调起着非常重要的调节作用。由于现在工作繁忙，社会竞争压力大，加重了人们对大自然的怀念与向往，而由自然材料制作的灯饰在不同程度上就满足了人们这种精神需要；另一方面，自然材料无毒无害，又具有很好的环保性，因此越来越受人们的钟爱。

二、智能化、技术含量高的复合材料

随着材料科学的发展，材料的种类越来越多，性能也越来越优化，一些智能化、技术含量高的复合材料将逐渐被应用于现代高档灯具的设计中，如有些灯具的材料将会随着照射时间的不同而变化颜色或根据声音的不同来确定颜色等。另外，随着人们审美意识和经济能力的提高，这些复合材料的表面艺术也将越来越丰富，越来越受到人们的重视。

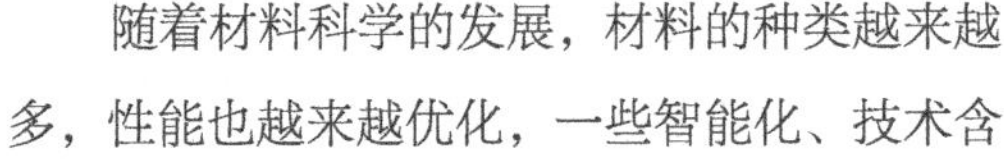

三、晶莹剔透、富丽豪华的材料

晶莹剔透、富丽豪华的材料多用于气势宏伟的高档吊灯和精巧的水晶台灯，此种材料具有很好的反光性，再加上其剔透的质地，对高档办公楼及豪华宾馆和饭店等公共设施的装饰起着非常好的渲染作用。

6 第六章

灯饰的色彩设计

色彩是塑造灯饰美的重要因素之一，它最先作用于人的视觉感受，进而转化为心理感受，达到“先声夺人”的效果。此外，良好的色彩可以协调和弥补形体的不足，二者共同影响人的感受。

第一节　灯饰色彩的内涵

一、灯饰色彩知识

1. 灯饰色彩

灯饰色彩指灯饰外观所呈现的色彩，包括陶瓷、金属、玻璃、水晶、木质等材料的固有颜色和材质，如金属电镀色、玻璃透明感及水晶的折射光效等。材料本身固有的色彩是材质构成的重要视觉要素，它是根据一定的需要按照形式美法则组合而成的，意在突出色块的和谐效果，但对于灯饰设计的色彩而言，由于其作为光源特殊性，灯光对材料固有色彩的影响是非常明显的，这是灯饰与其他产品设计在材料色彩应用方面的重要区别，因此如何把灯饰材料本身的固有色彩和光源色彩结合起来形成最佳的视觉效果就成为现在灯饰色彩设计中的重要课题。

2. 光与色

（1）可见光

现代科学证实，光是一种以电磁波形式存在的辐射能。电磁波包括宇宙射线、X 射线、紫外线、红外线、无线电波和可见光等，它们都各有不同的波长和振动频率。在整个电磁波范围内，并不是所有的光都有色彩，只有从 380 ~ 780nm 波长的电磁波才能引起人的色觉，这段波长叫可见光谱，即常称的光。

其余波长的电磁波都是人眼看不见的，通称不可见光，实际上是不同的射线或电波。波长大于 780nm 的电磁波称为红外线，小于 380nm 的电磁波称为紫外线。各种光具有不同的波长，其大小用纳米来计量。

阳光通过三棱镜时随着波长的不同，行进

线路也不相同；紫色光的波长最短，行进速度最慢，折射角度最大；红色光的波长最长，折射角度最小；其余各色光依次排列，才形成七色光谱。如果用光度计来测定，就可得出各色光的波长。因此，色的概念实际上是不同波长的光刺激人的眼睛所产生的视觉反应。

（2）光源色

能够自身发光的物体称为光源。它分为两种：一种是自然光，主要是阳光、月光；另一种是人造光，如灯光、烛光、显示屏。由于光的波长不同，形成了不同的色光，称为光源色。如普通的灯泡发出的光呈黄色调，是因为黄色波长的光比其他波长的光多；而普通的荧光灯发出的光呈蓝色，是因为蓝色波长的光多，因此呈蓝色调。

同一物体在不同光源下将呈现不同的色彩；在白光照射下的白纸呈白色，在红光照射下的白纸呈红色，在绿光照射下的白纸呈绿色。因此，光源色光谱成分的变化，必然对物体色产生影响。电灯光下的物体呈黄，日光灯下的物体偏青，电焊光下的物体偏浅青紫，晨曦与夕阳下的景物呈橘红色、橘黄色，白昼阳光下的景物呈浅黄色，月光下的景物便为青绿色等。光源色的光亮强度也会对照射物体产生影响，强光下的物体色便淡，弱光下的物体色偏暗，只有在中等光线强度下的物体色最清晰可见。

3. 物与色

（1）物体色

物体色是指光源色照射到物体上时，由于物体本身的物理特性，对光有选择地吸收、反射或投射而呈现出的各不相同的色彩。以物体对光的作用而言，大体可分为不透光和透光两类，通常称为不透明体和透明体。

对于不透明物体，它们的颜色取决于对波长不同的各种色光的反射和吸收情况。如果一个物体几乎能反射阳光中的所有色光，该物体就呈黑色。如果一个物体只反射波长为 460nm 左右的光，而吸收其他各种波长的光，则该物体看上去是蓝色的。可见，不透明物体的颜色是由它所反射的色光决定的，如图 6-1 所示。

透明物体的颜色是由它所透过的色光决定的。红色的玻璃所以呈红色，是因为它只透过红光，吸收其他色光的缘故。照相机镜头上的滤色镜，不是指将镜头所呈颜色的光滤去，实际上是让这种颜色的光通过，而把其他颜色的光滤去。由于每一种物体对各种波长的光都具有选择性吸收、发射和投射的特殊功能，所以它们在相同光源条件下，就具有相对不变的色彩差别，如图 6-2 所示。

（2）固有色

物体的固有色是只在白光或常态光源下物体所呈现的颜色，如太阳为黄色，大海为蓝色，雪为白色。但这种固有色会受到光源色及周围环境色的影响而产生变化。比如，将白光下的

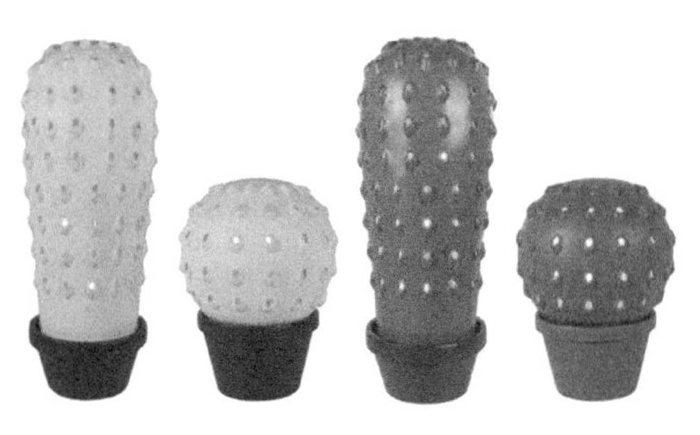

▲图 6-1

▲图 6-2

▲图 6-3

红花绿叶放入红色的光源下，红花会显得更红，而绿光并不具备反射红光的特性，相反它吸收红光，因此绿叶在红光下呈现黑色。此时，叶子所呈现出的黑色被认为是绿叶在红光下的物体色，而绿色之所以称为绿叶是因为其在常态光源下呈现绿色，绿色就约定俗成地被认为是绿叶的固有色。因此在灯饰的色彩设计时，色彩的配置要注意常态光源下呈现的颜色和灯饰光源下材质所呈现的颜色，不能忽略其一。

（3）环境色

环境色，又称条件色，是指物体周围环境的颜色。由于物体不是孤立存在的，将其置于某一具体环境中时，在光的照射作用下，物体色彩会相互作用、相互影响。环境色的强弱和光的强弱成正比，表面光滑的物体环境色明显，表面粗糙物体环境色不明显。图 6-3 为 Kartell 公司的 Cindy 灯饰，它的金属表面有极强的反光性，因此灯饰除自身颜色以外还反射光的颜色。

4. 色彩的分类

（1）有彩色

有彩色包括可见光谱中的全部色彩，它以红、橙、黄、绿、青、蓝、紫等为基本色。基本色之间不同量的混合、基本色与无彩色之间不同量的混合所产生的千千万万种色彩都属于有彩色系。有彩色系是由光的波长和振幅决定的，波长决定色相，振幅决定明度。

有彩色系中的任何一种颜色都具有三大属性，即色相、明度和纯度。也就是说一种颜色只要具备以上三种属性就属于有彩色系。

（2）无彩色

无彩色指由黑色、白色及黑白两色相融而成的各种深浅不同的灰色共同构成的色彩系列。从物理学的角度看，它们不包括在可见光谱之中，故不能称为色彩。但是从视觉生理和心理学上来说，它们具有完整的色彩性，应该包括在色彩体系之中。

无彩色系的颜色只有明度上的变化，而不具备色相与纯度的性质，也就是说它们的色相和纯度在理论上等于零。其色彩的明度可以用黑白度来表示，越接近白色，明度越高，越接近黑色，明度越低。

从理论上讲，白色是完全反射光线的色。但实际上并不能做到完全反射，正如黑色并不能把所有的光全部吸收一样。例如，即使非常洁白的纸张也要吸收 15% 的光。白色一般来说象征干净和纯洁，大多数的白色都有几分黄色、青色或者红色。一般黑色表面的反光只有 2% ～ 4%，是明度最低的色彩，容易让人联想到黑夜，让人情绪沉静。黑色也能使邻接的色彩凸显。灰色缺乏独立性，它既不像黑色那样能强调其他色，也不像白色那样明朗。图 6-4 所示的黑色的正六边形框架使整个灯饰具有力量感，白色的正六面体点状造型穿插其中形成强烈的对比，灯饰现代感十足。灰色属于中性色，但是灰色和彩色搭配使用时，能使彩色更艳丽。如图 6-5 所示，水泥材质的灰色和彩色编织线条搭配，实与虚、无彩色和彩色的对比，增加了彩色部分的立体感。如图 6-6 所示，白色和彩色的搭配，使整个灯饰有明快感。

▲图 6-4

▲图 6-5

▲图 6-6

5. 色彩的三要素

（1）色相

色相是用于区别不同色彩相貌的主要属性。色相是区分色彩的主要依据，也是色彩的最大特征。

从物理学上讲，色相差别是由色彩的波长不同决定的。色彩的面貌以红、橙、黄、绿、蓝、紫为基本色相，色相一般用纯色表示。

（2）明度

明度是指色彩的明暗程度，也称色的亮度、深浅度，是由色光或颜色反射光的振幅所决定的。在无彩色中，明度最高的色为白色，明度最低的色为黑色，中间存在一个从亮到暗的灰色系列。若把无彩色的黑、白作为两个极端，在中间根据明度的顺序，等间隔地排列若干个灰色，就构成了明度序列。

在色彩里混入白色可以提高该色的明度。

混入白色越多，明度提高得越多；相反，在色彩里混入黑色可以降低该色的明度。混入黑色越多，明度降低越多。任何一个有色彩中加白色、加黑色都可构成该色以明度为主的系列。

在有彩色中，任何一种颜色都有着自己的明度特征。例如：黄色为明度最高的色，紫色为明度最低的色。黄、橙、绿、红、蓝、紫各纯色按明度关系排列起来，可构成色相明度序列。

在灯饰色彩的设计过程中，明度对于图像可读性也起着重要作用。在图像整体感觉不发生变动的前提下，维持色相、纯度不变，通过加大明度差的方法可以增加画面的张弛感。同时色彩的明暗程度随着光的明度变化而变化，明度值越高，图像的效果越明亮、清晰；相反、明度值越低，图像效果越灰暗。

（3）纯度

纯度是指色彩的纯净程度，也就是色彩的鲜艳度，还有浓度、彩度、饱和度之说。纯度是指某一色彩中所含该种色素成分的多少。一般所含色素成分越多，其纯度就越高，相反纯度就越低。

一般来说，纯色明确、艳丽，容易引起视觉兴奋，色彩的心理效应明显；含灰分的中纯度颜色基调丰满、柔和、沉静，能使视觉持久注视。

6. 色彩的联想

当人们看到某种色彩时，除客观上视觉本身对色彩的感知外，也伴随着一系列的心理反应，如记忆、情感、联想、象征等心理活动。色彩变化莫测，是每个人独有的心灵感受，且具有打动人心的魔力。色彩的感受因每个人的情感、心理和文化的不同而有所差异。

当色彩触发记忆中与该色彩关联的事物时，会激发相应的感情，这种现象被称为色彩的联想。联想分为具象联想和抽象联想。具象联想就是把色彩与某一具体的实际事物相联系，如红色会让人联想到太阳；而抽象联想则是把色彩与人们抽象心理感觉相联系，如蓝色使人宁静，紫色让人感觉高雅。色彩的联想伴随着经验和知识的积累而不断丰富，如表 6-1 所示。

当色彩的联想在人们中间产生共识，并通过文化传承形成固定的观念后，色彩就有了其特有的象征意义。色彩的象征是在人们对色彩的长期认识和感受的过程中慢慢积累而形成的一种观念。色彩的象征会因时间、民族、地域、文化的不同而呈现出不同的含义。

二、色彩在灯饰中的表达

1. 完善灯饰形态

灯饰形态是指灯饰的外形，“形”即使用者可感知的外观形态，而“态”则为灯饰的神态，即灯饰的情感因素。因为形态与灯饰的功能、结构、色彩、材质等各种因素密切地结合在一起，所以灯饰形态可以向使用者传递产品的各种信息，设计师可以将独特的造型语言赋予灯饰特定的个性与情感，当灯饰的外在形态与灯饰内在品质相一致时，灯饰会传达出设计师的思想与理念，从而与使用者在情感上得到共鸣。

任何形态都具有色彩，色彩是构成形态的

表 6-1　色彩的联想

色彩	积极联想	消极联想
红色	温暖、活泼、兴奋、积极、热情、爽快、名誉、幸福、充实、健康、忠诚、希望	疲劳、攻击性、好色、卑俗、性急、危险、不沉着、虚荣、暴力、原始、幼稚
粉色	可爱、幸福、愉快、甜美、梦幻、优雅、柔美、温馨	不自信、浅薄、幼稚
黄色	喜悦、光明、健康、智慧、太阳、权力、功名、辉煌、希望、生机、轻快、活泼	欺骗、轻薄、轻率、胆怯、冷淡、自私、不稳定、变化无常
橙色	宽容、温柔、勇敢、温暖、自豪、自由	烦躁、迟钝、轻率、傲慢、浪费、虚荣
蓝色	沉静、和谐、利落、诚实、高深、虔诚、慎重、理智	悲哀、凶狠、压抑、迟钝、盲目、执迷、刻板、冷漠、寒冷、疏离
绿色	成长、收获、宽容、新鲜、幸运、爱情、生机	怀疑、嫉妒、腐败、倒霉、贪欲
褐色	收获、生命、丰富、成熟、舒适、谦让、古朴、文雅	沉闷、悲凉、腐败
紫色	平静、高贵、奢华、优美、庄重、无私、公正、神秘	暧昧、孤寂、消极、势利、傲慢、独裁、无情、欺骗
白色	纯洁、朴素、清白、纯真、光明、整洁、宁静	单调、乏味、空虚
黑色	神秘、含蓄、沉静、严肃、庄重	沉默、不详、恐怖、悲哀、消亡、罪恶
灰色	大方、平稳、细致、柔和、尊敬、现实、神秘、包容、小心	抑郁、厌烦、畏缩、背叛

必要因素。而产品的色彩与形态都可以被视为一种视觉符号，具有语义功能。形态与色彩相辅相成，具有合理形态的产品配以独特的配色方案，对使用者的认知和使用起到至关重要的作用。利用色彩本身的统一、平衡、强调、丰富、对比等作用，使灯饰具有独特的形态视觉效果，有利于灯饰信息的传达。

（1）统一

在人的视觉心理上，当色彩与形象一致时，形象会显得完整、和谐；当不一致时，会产生不和谐感。在配色设计中，如果色彩过于丰富，造型就会缺少整体感，而显得凌乱。当选用的色彩序列不合理，或序列中个别色彩选用不当，会产生不协调感。色彩的统一就是消除互斥感，形成有序的色彩配置方案。

当产品形态复杂、元素过多时，可以选择调和的、有秩序的色彩，把局部形态统一起来。整体性强的简单色彩搭配以求收到单纯、明快和大方的效果。

为了使色彩具有统一感，可以控制色彩的数量，不宜过多、过杂；或者在色相、明度、纯度上使色彩趋于某一主色调，在主调的基础

▲图 6-7

▲图 6-9

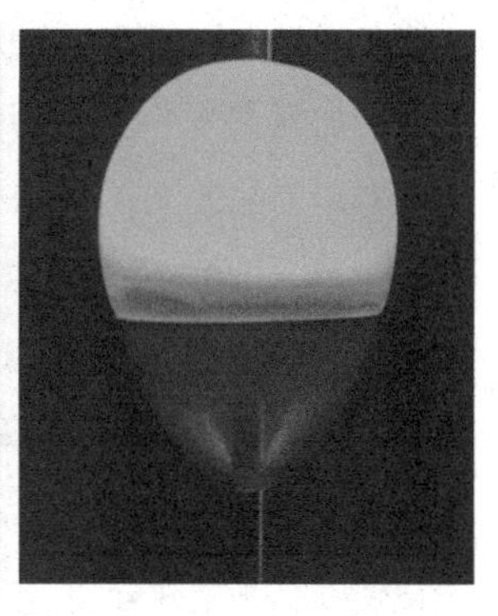

▲图 6-10

▲图 6-8

上，调整其他色彩使之形成统一均衡的感觉，如图 6-7 所示。

（2）平衡

色彩的平衡是指视觉上感觉到力的平衡状态。灯饰的形态要与色彩的平衡相一致，否则，会让使用者心理产生矛盾感。

利用不同色彩的面积分布、色彩的明度和纯度的面积比例，或者利用色彩的轻重感，前进后退感等达到色彩的平衡，从而取得形体视觉上的平衡感，如图 6-8 所示。

（3）强调

为了凸显灯饰局部形态，可以通过色彩强调产品的某个部分。在同性质的色彩中，加入不同性质的色彩，可以起到强调的效果，并打破了单调的单色效果。适当选用在色相、明度、纯度上形成对比的色彩，能起到强调灯饰形态的作用，如图 6-9 所示。

作为主体色彩与强调的色彩要相互配合才能形成合理的色彩搭配效果。配色时强调色比主体色更明亮，而且强调的部分与主体色的面积比例分配合理，才能更好地突出灯饰的主体造型。

（4）丰富

针对某些形态比较单一的灯饰，可以利用适当的色彩搭配使产品的形态丰富化，也可以利用不同形状的色块完善产品的整体造型。例如，利用色彩的面积有规律地渐变和交替，或者交替改变色彩的色相、明度、纯度等属性来体现形态的节奏感。丰富的色彩增添了灯饰形态的观赏性和美感，增加了灯饰和使用者交互过程中的愉快感。图 6-10 中，名为 flowt 的吊灯用色彩的渐变描绘了浪漫的威尼斯夜景，浪漫宁静的城市之光。

（5）对比

利用色彩的色相、明度、纯度和面积的

对比，使得灯饰的形态主次分明，起到烘托、陪衬和加强主体形象的作用。不同程度的色彩对比有不同的效果，强对比使人感觉强烈、刺眼、生硬、粗犷；较强的对比使人感觉明亮、生动、鲜明、有力；较弱对比使人感觉协调、柔和、平静、安定；最弱对比使人感觉模糊、朦胧、暧昧、无力。图 6-11 中的灯饰明度的变化使灯基座层次分明，打破单一色调的呆板。图 6-12 中的灯饰色相的对比使简单的几何图形丰富有趣。

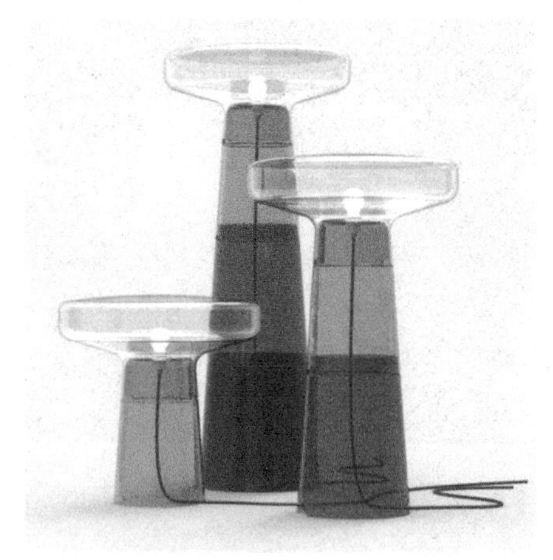

▲图 6-11

2. 塑造灯饰风格

灯饰色彩的运用对灯饰风格的表现有重要的作用。在灯饰创意过程中，在确定设计风格的前提下，可以选择恰当的色彩搭配凸显风格。

▲图 6-12

第二节　灯饰色彩的设计方法

一、灯饰色彩的配色

1. 灯饰色彩的对比配色

（1）色相对比与灯饰配色

① 零度对比可分为以下两种方法：无彩色对比、无彩色与有彩色对比。

第一种方法是将无彩色对比应用于家具色彩对比配色设计中，此对比虽然无色相，但它们的组合在实用方面很有价值。如黑与白、黑与灰、中灰与浅灰的搭配等。产生的对比效果为大方庄重、高雅而富有现代感，但零度对比的方法也容易产生过于素净的、乏味的单调感（见图 6-4）。

第二种方法是无彩色与有彩色对比，如黑与红、灰与紫、白与灰与蓝等。对比效果感觉既大方又活泼。当无彩色面积大时，家具给人以高雅、庄重之感，如图 6-13 所示；有彩色面积大时又给人以生动活泼的感觉，如图 6-14 所示。

② 调和对比可分为以下两种方法，邻接色对比和中差色对比。

色相环上相邻的 2 ～ 3 色对比为邻接色对比，色相距离大约 30°，如红橙与橙与黄橙色对比等。效果感觉柔和、和谐、雅致、文静，

▲图 6-13

▲图 6-14

▲图 6-15

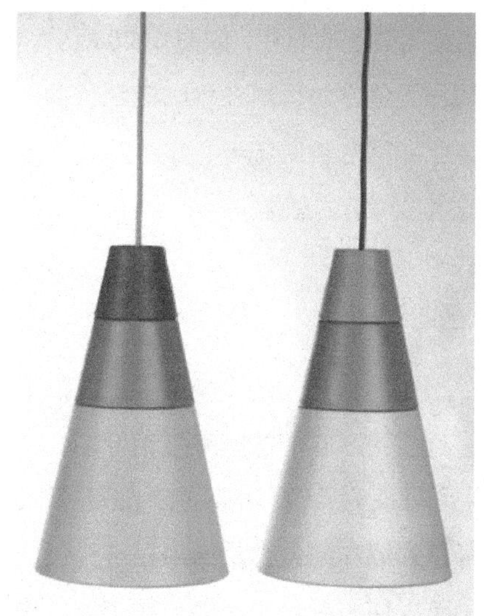

▲图 6-16

但也感觉单调、模糊、乏味、无力，必须调节明度差来加强效果，如图 6-15 所示。

色相对比距离约 90° 为中差色相对比，此种对比为中对比类型，黄与绿对比等，效果明快、活泼、饱满、使人兴奋，感觉有兴趣，对比既有相当力度，但又不失调和之感，如图 6-16 所示。

（2）明度对比与灯饰配色

灯饰色彩明度对比分为高明度基调对比、中明度基调对比和低明度基调对比三种。色彩明度间差别的大小，决定明度对比的强弱。低明度基调给人感觉沉重、浑厚、刚毅、神秘。运用不当会产生黑暗、阴险、哀伤等消极的色调。中明度基调配色的灯饰给人以朴素、庄重、安静、平凡的感觉，但同时也会使人感觉呆板、贫穷、无聊甚至是乏味。高明度基调配色的灯饰给人的感觉是轻快、干净、明朗、纯洁、女性化，如图 6-17 所示，但是在设计时如果色彩明度过高或色彩配色运用不当会使人产生冷淡、缺少亲和力，甚至病态的感觉。

（3）彩度对比及灯饰配色

在灯饰配色中，鲜艳纯度较高的色彩，色相明确、注目、视觉兴趣强，色相的心理作用明显，但这样的配色容易使人产生疲倦感，不宜长时间的注视，如图 6-18 所示。含灰色（冷灰或暖灰）等低纯度的色相则较为含

▲图 6-17

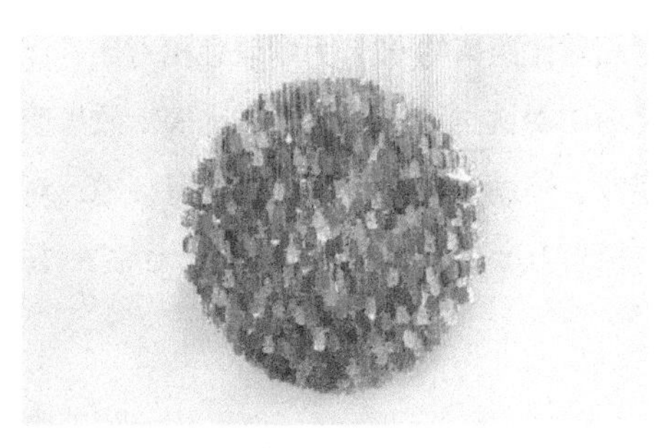

▲图 6-18

▲图 6-19

蓄，但是这样的配色会使家具的边界变得模糊，视觉兴趣减弱，注目程度相对较低，给人以平淡乏味，中庸含蓄的感觉，随着时间的变化会使人产生厌倦感，如图 6-19 所示。

2. 灯饰色彩的调和配色

结合孟塞尔的色彩调和理论，要使几种色彩在灯饰上的搭配取得整体上的调和，那就应该使这些色彩之间具备规律性的关系，也就是规范这些色彩间的秩序。如果要使灯饰色彩之间的搭配达到调和，那么这些色彩在孟塞尔色环上就必须满足以下七种调和关系即垂直调和关系、径向调和关系、圆周调和关系、对称斜向调和关系、非对称斜向调和关系、螺旋调和关系与椭圆调和关系。

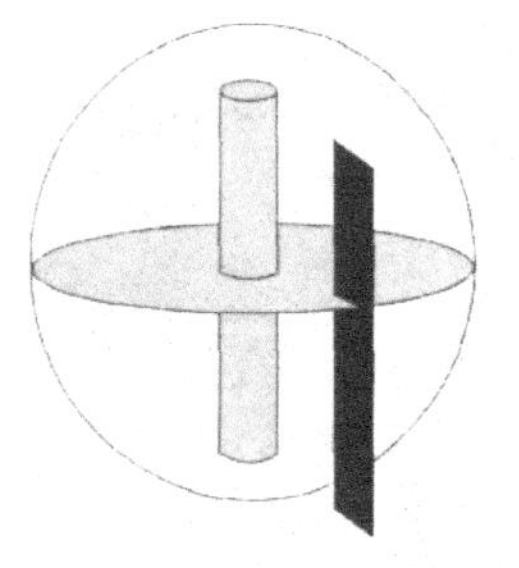

▲图 6-20

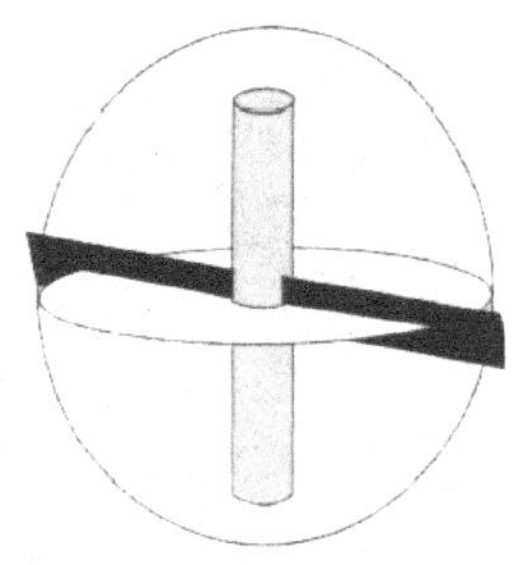

▲图 6-21

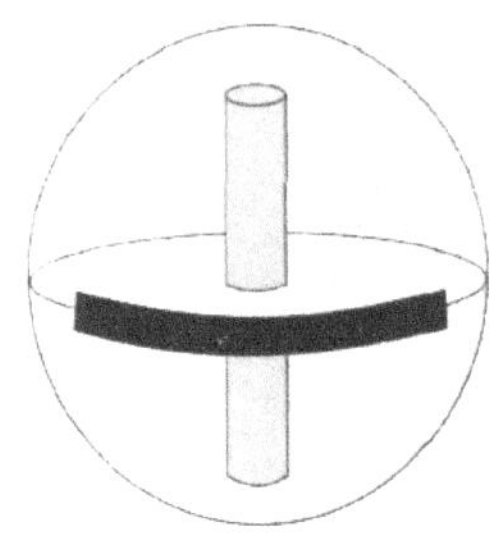

▲图 6-22

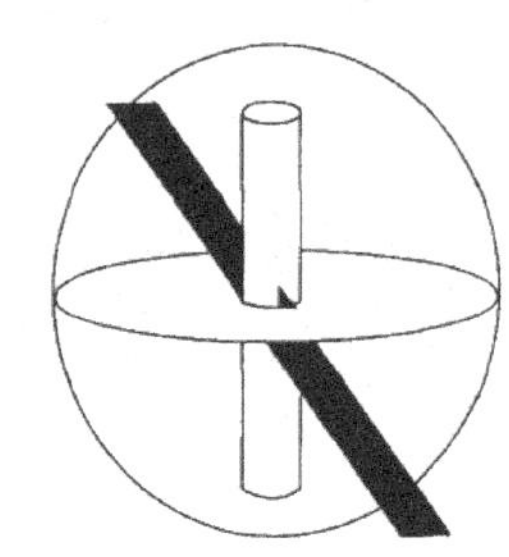

▲图 6-23

（1）垂直调和

垂直调和的各色彩之间是同色相、等彩度，只有明度呈有规律的变化，在指定的垂直轨道上，依照一定的秩序、韵律或节奏规则进行取舍来达到色彩间搭配的调和，如图 6-20 所示。此种色彩调和配色方法运用在灯饰的配色上，可以使灯饰色彩间的色调统一、整体感强，给人以单纯清爽、和谐的感觉。

（2）径向调和

色彩处于色环体系的一个横断面上，按不同的彩度进行使用，它们的明度是相等的，其色相穿过中心轴成为原色彩的补色，如图 6-21 所示。此种色彩调和配色方法运用在灯具色彩的配色上，可以使家具色彩间的色彩丰富、华丽感强，给人一种充满生气、诱人神往的感觉。

（3）圆周调和

几种色彩分布于色环体系某一横断面上以

明度轴为中心，以某一彩度值为半径的圆周上，位置的高低决定其明度的高低，半径的长短决定其纯度的高低，如图 6-22 所示。有秩序地选择圆周角的间隔至关重要。此种色彩调和配色方法运用在灯饰色彩的配色上，可以使灯饰色彩间的色彩丰富、华丽感强，给人活泼的感觉。

（4）对称斜向调和

色彩按某一倾斜角穿过孟塞尔色环体系中心轴的某直线上，并且有相同的间距的色彩调和方式，如图 6-23 所示。出于这种调和关系的色彩，在明度轴的两侧相互处于补色关系，并且不仅有彩度的变化还有明度的单调变化。此种色彩调和配色方法运用在灯饰色彩的配色上，可以使灯饰色彩间富于变化与活力，很容易获得理想的搭配。

（5）非对称斜向调和

同色相、不同明度与纯度秩序的调和，色彩大多分布于既不平行于孟塞尔色环体系的中心轴，也不与中心轴相交的直线上，如图 6-24 所示。岂会产生具有韵律性变化的美感。

（6）螺旋调和

色彩分布于孟塞尔色环体系中一根绕中心轴上升或下降的螺旋线上，并且有相同的间隔，当螺旋形选择轨道平放置，越接近水平线明度对比就越弱，反之越强，如图 6-25 所示。选择轨道弯度越大，纯度对比越弱；轨道弯曲越小，纯度对比越强。可以使灯饰色彩间的配色既丰富又统一，随着明度强弱的变化还会给人以亮丽和静谧的双重感觉。

（7）椭圆调和

此调和关系色彩包含孟塞尔色环的 360° 的所有色彩，如图 6-26 所示，是色相最多的一种调和方法，色调都能和谐相处，色彩的变化也富有规律。此种色彩调和配色方法运用在灯饰色彩的配色上，可以使灯饰色彩感觉梦幻、优雅，富有艺术气息，但是除了特殊环境的特殊要求，如酒吧、艺术沙龙等场所外，运用此调和关系应比较慎重，因为椭圆调和所搭配的色彩，色相间差异较大，使用不当会破坏室内色彩的整体感。

二、灯饰色彩素材

（1）对自然色的采集

大自然的色彩是取之不尽、用之不竭的源泉，对大自然色彩的采集、转移、重构可以激发色彩的想象力。采集范围主要包括四季色、动物色、植物色等，它们的存在给设计带来了无穷的

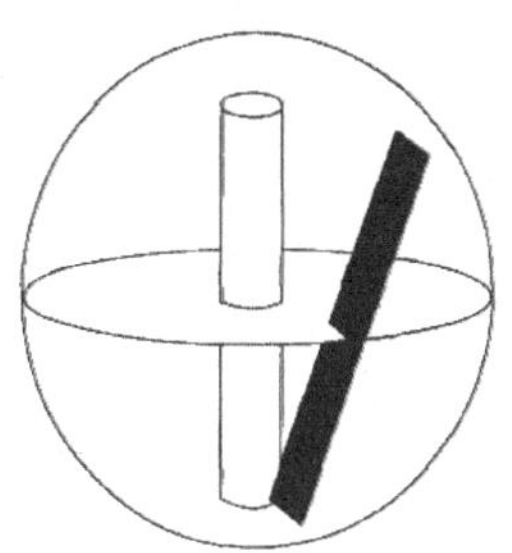

▲图 6-24

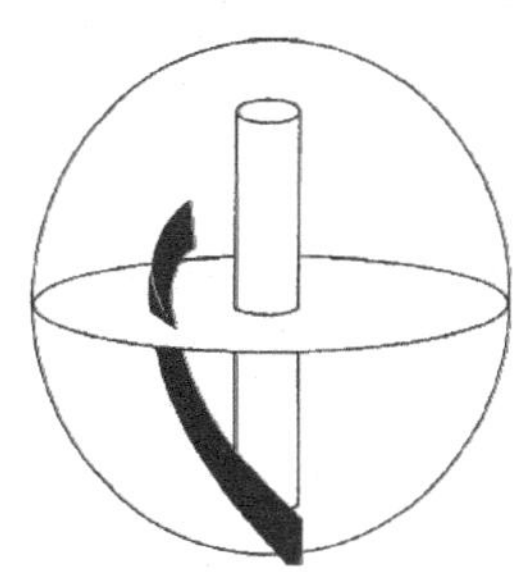

▲图 6-25

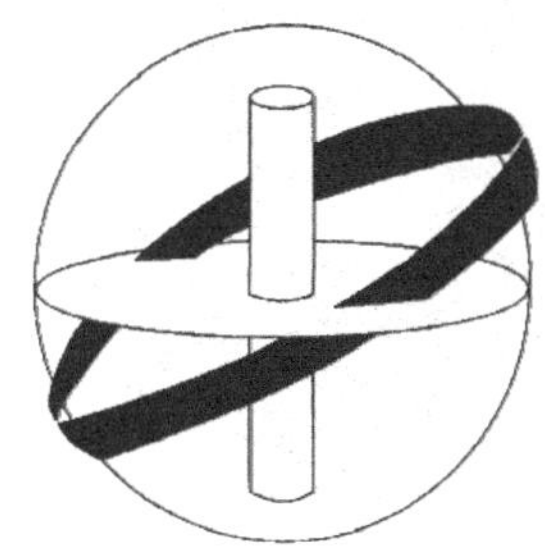

▲图 6-26

创意和灵感。其中动物的色彩变化多端、丰富生动，常常在大的面积的色彩上用对比色做点缀。图6-10中灯饰采集自威尼斯城夜景色谱，图6-17中灯饰则采集自水果本色。

(2) 对传统色的采集

传统色是指一个民族世代相传的，在各类艺术中具有代表性的色彩特征。从传统中吸取色彩常常会对色彩设计起到事半功倍的作用。我国的传统艺术形式多种多样，如原始彩陶、汉代漆器等。图6-27中的红黑是漆器中的经典配色。

▲图 6-27

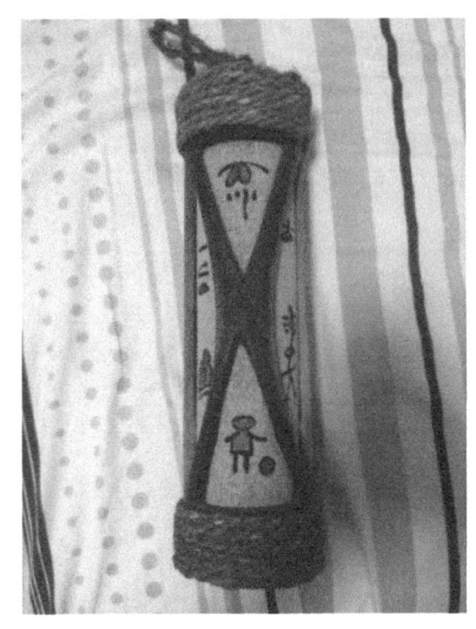

▲图 6-28

(3) 对民间色的采集

民间色是指民间艺术作品中呈现的色彩和色彩感觉。民间艺术是最贴近人们生活、土生土长的、百姓喜闻乐见的实用艺术。民间艺术的范围很广泛，包括剪纸、玩具、刺绣、扎蜡染、壁挂、泥塑等，还包括少数民族服饰和工艺品中常用的配色。在这些无拘无束的自由创作中，寄托着真挚淳朴的感情，鲜艳浓烈的色彩流露着浓浓的乡土气息和人情味及地域特点，极大地促进了现代灯饰色彩的创作。图6-28中灯饰的配色提炼于丽江纳西族布艺。

(4) 对图片色的采集

对图片色进行采集可以培养和提高对色彩艺术的鉴赏能力，掌握和运用色彩的形式美法则、规律，丰富和锤炼色彩设计的想象力和表现力。

三、灯饰色彩设计应遵循的原则

1. 决策性原则

所谓灯饰决策，包含灯饰属性、品牌策略、包装策略等方面，它决定了灯具的基本属性和商业价值，从而决定了灯饰的形态、色彩、包装、宣传、价格等方面，是不能随意改变的基本策略。因此，在运用色彩时，首先要从全局出发，不可只重视色彩设计这个局部，忽略了与灯饰策略其他方面的配合。要以灯饰开发的决策为导向，结合其他方面进行全局考虑，以达到最佳的综合效果。

2. 功能性原则

每种灯饰都具有其自身的功能特点，灯饰的功能是灯饰存在的前提。在选择灯饰色调时，首先考虑满足灯具的功能要求，使色彩与功能达成协调统一，以达到灯饰功能的发挥；如果色彩选择不好，就会妨碍灯饰功能的发挥。

3. 审美性原则

色彩的运用，除了要考虑统一、调和、均匀、比例与分割、韵律等规律外，功能和成本在具体的设计中的运用也要考虑。灯饰色彩的审美原则不仅追求单纯的形式美，更重要的是要与灯饰的功能性、工艺性以及环境和文化等结合起来。随着社会经济的发展，人们的审美观念也不断变化，灯饰色彩设计要时刻紧跟流行因素，紧跟时代审美需求，达到最优的市场效果。

4. 经济型原则

灯饰色彩设计的经济型原则是以最小的代价取得最大的效果。这里的代价，一方面是指灯饰色彩所涉及的经济成本，另一方面是指所付出的环境代价。这就要求设计师在进行灯饰色彩设计时要运用绿色设计原则，坚持可持续发展，以最小的环境代价取得最大的综合效益。

5. 嗜好性原则

色彩的嗜好是人类的一种特定的心理现象，各个国家、民族、地区由于社会政治状况、风俗习惯、宗教信仰、文化教育等因素的不同及自然环境的影响，人们对各种色彩的爱好和禁忌有所不同。所以，设计师在选择将色彩运用到灯饰的时候，要尊重不同地区、不同人群对色彩的喜好特点来设计。

6. 人、机、环境协调原则

人是灯饰的使用者，人机关系首先体现在灯饰的人机界面上；所谓人机界面，就是使用者与灯饰进行信息交流的媒介，人机界面的色彩设计是否成功直接关系到信息是否能及时有效地传达，关系到灯饰功能的发挥。在不同的场合色彩运用有所不同，在正式与非正式场合，灯饰运用颜色会有很大差异。自然环境与人工环境、室内环境与室外环境、生产环境与人工环境的色彩差异性都需要充分考虑。在寒冷的季节应选用暖色系，以增强人们心里的温暖感，而在炎热的季节应使用冷色系，使人的心里产生凉爽的感觉。

7. 人性化原则

灯饰色彩设计始终要把人的因素放在首位，把人性化原则贯穿设计的始终。从生理、心理和人际关系等各方面着手，体现出对人在使用灯饰过程中全方位的关怀和爱护，使灯饰色彩设计体现出人性的光辉。

四、灯饰色彩设计应重点考虑的问题

1. 创造使用中的和谐

色彩很少是以静态的或孤立的面貌存在，即使在白纸上画了一块平涂的颜色，它也要与白色的纸形成一种比较关系。也就是说，任何一个色彩选择与应用，都应该与它搭配在一起的其他色彩进行对比，找到一种和谐的关系，做到相应的调整，达到完美。

除此外，视觉对于色彩的识别是一个增长和衰减的变化比率。根据色彩的属性和人的生理特征，人们对色彩的视觉感应与识别不是始终如一的，是有变化的。人们总是在找一种适合于自己心理、生理感觉的影像，这必然对色彩设计提出一个更高的要求，那就是要分析、了解消费者——作为灯饰的使用者、欣赏者的心理和生理感觉。所谓的和谐，就是综合了色彩的各种可变因素后，着眼于组合上的自然又融洽的关系。这种色彩关系，一是指不同色彩配置时的面积和比例；二是色彩在明度或纯度上的接近程度；三是某一色彩的过渡方式；四是由色彩自身的增长与衰减，减弱了对视觉的刺激程度。这种和谐实际上是灯饰自身色彩与使用环境的和谐。任何一个灯饰都有它固有的使用环境，如果不考虑使用环境而进行色彩设计将会是失败的。它被完全孤立出来，失去了特有的功能与使用赖以生存的大环境。所以，灯饰色彩应着眼于和谐，要求自身和谐，与人和谐，与环境和谐。

2. 色彩的视觉节奏

在多数情况下，颜色的出现并不会以体现形、空间、色调为其结果，它还要含有一种组合关系上的节奏。当然，这种节奏是视觉联想意义的。色彩中的节奏没有统一的标准，也没有固定的规律，它是以超越人们意识，无须解释的吸引力状态存在的。

如果我们同时能够看到两个灯饰，其中一个是简单的色彩搭配，没有材质、色彩中的变化，而另一个灯饰在色彩设计上刻意安排了有序的组织，那么，视线必然会本能地被第二个灯饰体现出来的节奏所吸引。此时，色彩的节奏转化成了解决视觉中心的方法。有了这种方法，可以主动地在色彩配置中有目的地确定重点。

从本质上说，色彩的视觉节奏有赖于眼睛的错觉认识和经验的提示。视觉的疲劳状态、观察角度、欣赏目的、色彩出现的位置等，都可以形成节奏，将它们加以归纳，基本包括：由许多参照物形成的节奏、色彩的近似组合形成的节奏、持续的节奏变化形成的节奏、由色彩的登记重复形成的节奏。

3. 合理体现光、影、色的关系

我们能够看到灯饰的形状、色彩，先决物理条件是有光的存在。光在一个灯饰的使用环境中不可忽视。

光与影除了能够形成空间和体积外，当把其看作是突出事物的特征，增添一种戏剧性的氛围时，就不能简单地视为单纯的造型手段了。光与影的表现有无限的范围，而表现目的是预先判断一些问题和主观确定的侧重点。光与影的存在对产品颜色的影响是无可非议的，它们之间呈现出一种递进的、逐级影响的关系。光照射在灯饰上，灯饰自身的形态必然会产生一些有秩序的投影，这些投影又会影响到灯饰色彩。所以，我们在对灯饰色彩设计时一定要考虑到光源、灯饰形态对灯饰色彩所产生的影响。

4. 注重材质对灯饰色彩的表达

很多时候，人的不同感官常有一种自发的相互协作的补充关系。对于色彩的识别除了眼睛的判断外，还能引发奇妙的触摸感。能够引起感觉联系的刺激模式通常是复杂的，它有赖于其他感觉经验的参与。视觉肌理发生不同感官的视觉作用，丰富了色彩表现形式，使同一色彩由于肌理的不同而产生多种视觉感受。

第三节 灯饰色彩创意

一、文化性创意

每一个地区由于文化传统和人文环境的差异都可以形成自己独特的地域文化。历史是设计的已定性文化资源，民族的文化习惯是一种永不消退的心理印象，这些构成了地域文化中特定的价值系统和逻辑系统。在不同社会文化环境中还会派生出不同的审美情趣、价值取向和文化阐释的群体。色彩设计的形式手段，在很大程度上依赖于这些资源和对象的认识、选择和阐释。

1. 道家色彩观

对于东方色彩观，道家曾从“法自然”的角度做出了回归单色的选择，并且以朴实的哲学思想提出色彩应该“自然而然”。道家的色彩美学思想建立在“自然无为”的思想基础上，虽然道家认为色彩与大自然的现象有关联，但他们注意的是自然的整体大势，讲究的是单一色彩与整体环境的意境之美。

道家认为一切事物的生成变化都是有和无的统一，而无是最基本的，无就是“道”。天下万物生于有，有生于无，实出于虚，有无相生，虚实相宜，按照道家的这一观点解释，白（无色）和无色应该是统一的，既相互对立，又相互依存，相互转化，但是无色是本原，“五色生于无色”，五色与白（无色）相生、相和。

道家崇尚黑色。黑在古汉语中与“玄”语义相同，黑在道家看来恰是其精神的体现，认为黑色是高居于其他一切色之上的色。用现代的色彩学观点看，由于黑是光的全消失，所以黑在白的对比下可以产生最清晰的视觉效果。人的心理，尤其是面对大面积的黑所产生的影响，会让人产生出神、静寂的心理感觉。“墨有五色，墨分六彩”五色是喻会，六彩是指黑、白、干、湿、浓、淡。图 6-29 所示的黑、白为道家所推崇的两色，也是永不过时的经典颜色。图 6-30 中的灯饰则体现了朴素、素淡之美，用色朴素，虚实过渡。

2. 儒家色彩观

儒家曾提出礼乐色彩的社会主张性，使丰富的色彩广泛地应用于社会习俗，营造了一个使人在这些习俗活动中可以解除和认识色彩的

▲图 6-29

▲图 6-30

▲图 6-31

▲图 6-32

文化环境，增进了色彩语言的交流和表现能力。

儒家不仅赋予色彩以社会伦理道德的意义，同时也肯定了色彩的美学价值。孟子曰：“目之于色，有同美焉”。荀子曰：“形体色理以目异以心异，心有徽知。心愉，则色不及人用，而以养目。”儒家的色彩观虽然没有具体地讲色彩的装饰规律，但明确地指出了色彩作为外部装饰的形式要与内容相结合。“比德”是儒家色彩美学思想的另一主要特点。所谓德，即政治、伦理、德行、格等；比，即从不同的角度联想和想象自然。色彩的装饰暗示人的美德，儒家“比德”思想直接影响中华民族色彩观念。中华民族崇尚红色，是因为红色喜庆、吉祥，庄严的人格。如图 6-31 所示，红色的运用使当时喜庆，浓浓的中国味，黑色的搭配比例恰当。图 6-32 所示的灯罩采用中国传统工笔画，牙色、竹青、海棠红等中国传统色的运用，配合合理、协调、优雅，基座采用红木的深红色，视觉中心好，一实一虚、一深一浅，装饰符合内容需要。

儒道哲学的色彩观倾向去繁就简，排斥人造的浮躁色彩；设计色彩更注重于整体的配色有无相生，虚实相成的意境，把握住这些精髓将会给现代灯饰设计带来更多的创意空间。

二、地域性创意

由于自然环境和条件的不同，造成了不同地域的人对同一事物的认识不尽相同，这种思维方式的差异性，直接导致了人类的生活习惯和生活方式的不同。不同的自然环境、地域特点使得当地居民对色彩的选择倾向有很大的差异。

在这种背景下，灯饰色彩设计的地域性特征逐渐成形并明晰。地域色彩即此地而非彼地所特有与色彩相关的形象要素。特定的地理环境影响着居民与其间的居住者对产品材料的认识。产品的材料以及成型方式，都是同这个地域的自然、人文的环境紧密联系的。那些被用作灯饰材料的物料，大都是来自本地区的自然材料，因此，灯饰的色彩与当地的环境色彩有着千丝万缕的联系。那些非人工化的天然具有的和谐色调，本身就渗透着难以形容的色彩之美。

1. 德国理性之美

德国是“诗人与思想的国度”。理性与激情是这个民族最显著的性格特征，逻辑思维的缜密性与行动上的热情实干使德国人在世人眼中显得格外优秀。德国人缜密的思维让他们在工业产品上的造型和色彩的要求更加严谨和审慎，在颜色的安排上考虑功能的特性，主要表现为产品配色比较单一，保守，但是却很简洁，这种色彩的搭配使得产品稳重，在色彩上形成了德国产品较高的辨识度，如图 6-33 所示。德国设计者认为出色的设计不是突兀和炫耀的，其灯饰颜色大多隐于空间背景之中，不会增加空间的杂乱，更多表现出稳重踏实的可信赖感，而且德国人很钟情与白色，如图 6-34 所示。

▲图 6-33

▲图 6-34

2. 日本禅宗之美

禅宗是日本设计艺术所追求的一种最高境界。禅宗在日本能够突出的发展，是因为禅宗的自然观，符合本土的神道教崇拜自然的思想，加上中世纪日本民族坚守俭朴的生活方式，与禅宗俭朴的审美趣味一拍即合，日本设计者青睐于传统式样的自然色系，即那些没有经过多少人为色彩加工的白茬木料的灰白色、棕色、褐色，岩石的青灰色以及竹的灰黄色。无论是单个物品还是一个完整的色彩环境都具有一种朴素，和谐的自然美的色彩效果。图 6-35 为日本从事和纸创作的设计师 Sachie Muramatsu，用和纸素材制作的灯饰，色彩素雅。

3. 北欧简约之美

北欧的设计强调与自然的联系，在色彩的选择上偏向清丽，色彩的搭配绝少艳俗之气，很少大面积使用原色，偏重于高明度的复色与间色的使用，这种色彩的搭配组合与该地区长达半年时间段的清冷气候有着必然的联系，这种半年的封闭的暗夜带给北欧人热爱人性、热爱自然、热爱突破时间的美。图 6-36 至图 6-38 为瑞典 NOTE 设计工作室设计的三款灯饰，色彩的选用带着浓浓的北欧味道。

▲图 6-35

▲图 6-36

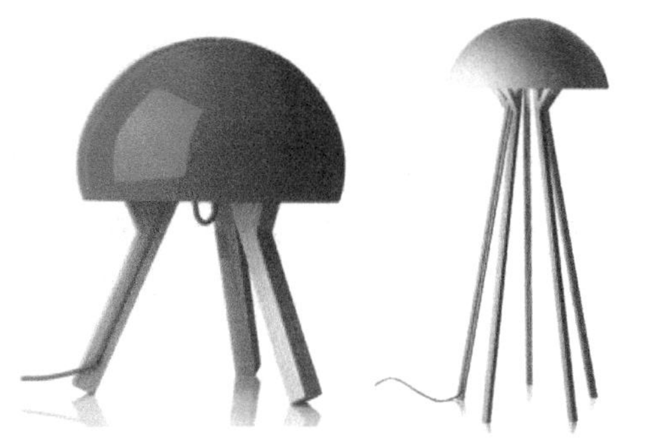

▲图 6-37　　▲图 6-38

4. 意大利浪漫之美

意大利人情感表达夸张、强烈，如此俊朗开明的性格使得意大利人对色彩的选用更偏向于雍容华贵、色调明朗、奢华迷幻。意大利的很多产品都充满了奇思妙想和浪漫情调。图 6-39 和图 6-40 所示的意大利灯具设计品牌 Foscarini 的灯饰的色彩充分表现出意大利人色彩选择的喜好。

5. 韩国可爱之美

韩国人很重视和尊重自己的民族习惯和文化特性，敏感而自尊，这也影响他们对色彩的喜好上偏向于柔和的色彩，大多是明度较高、纯度较低的色系，色彩搭配上趋向于温和的有少女般温柔的色彩感如图 6-41 所示。在韩国灯饰设计传统中，极少出现大红大紫大绿等强烈的色彩对比搭配。韩国人还偏爱白色。

6. 美国自由之美

第二次世界大战成为美国历史新的转折点，美国在政治、经济、科技、军事等方面都成为世界第一强国。战后，大量的包豪斯教师把包豪斯的设计风格带到美国，影响了美国的设计思想，风格宽泛，包容性强。图 6-42 所示的灯饰色彩跨度、搭配广。木质本色的运用也是美国灯饰的特点之一，如图 6-43 所示。

三、情感性创意

世界上任何东西的形象和色彩都会影响人们的情感。某一种色彩或色调的出现，往往会引起人们对生活美妙联想和情感上的共鸣。视觉中的色彩通过形象思维而产生的这种心理作

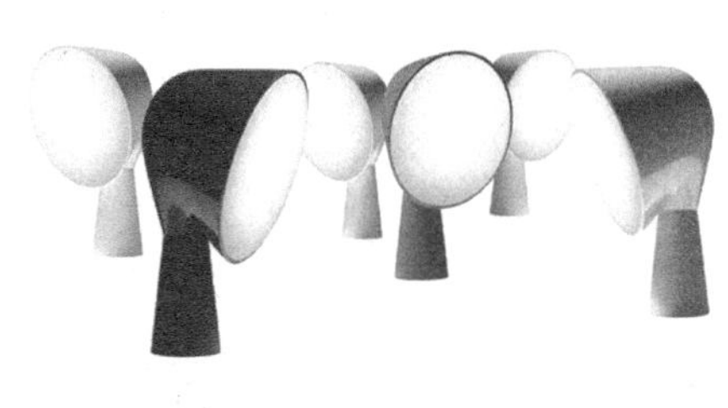

▲图 6-39

▲图 6-40

▲图 6-41

▲图 6-44

▲图 6-45

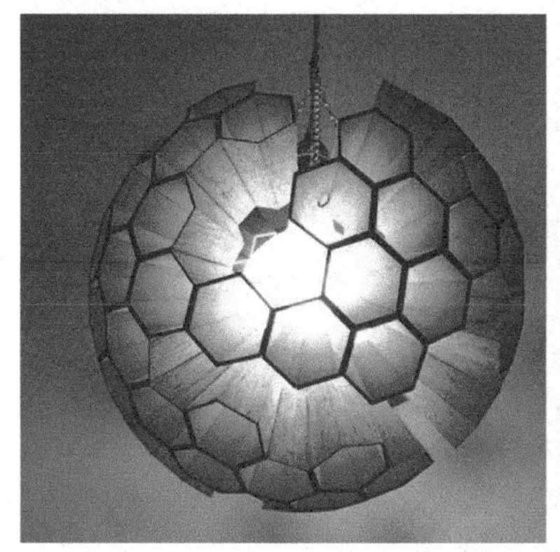
▲图 6-43

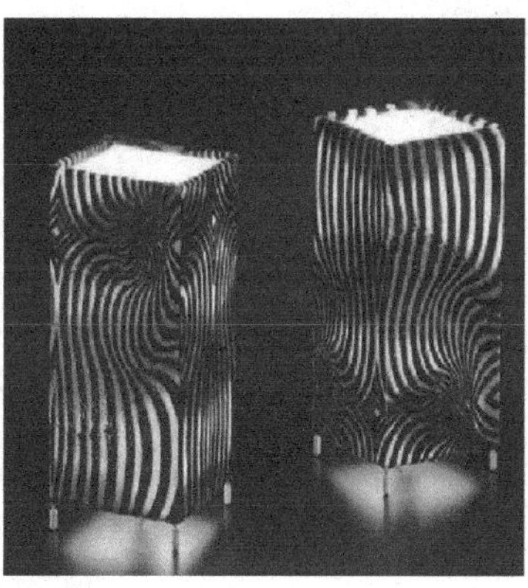
▲图 6-46

▲图 6-47

用就是色彩的情感性作用。色彩主要引起人们的冷暖感、进退感、胀缩感、轻重感、软硬感、兴奋与成静感、华丽与朴素感、舒适与疲劳感、明快与忧郁感、积极感和消极感，如图 6-44 所示。红、黄等暖色和鲜艳明亮的搭配使灯饰具有华丽感。同样是多个色相，但是低纯度的运用使灯饰有沉静感，如图 6-45 所示。

四、流行性创意

在灯饰色彩创意中还有一个可利用的重要因素——流行色。流行色是指在一定时期和地区内，被大多数人所喜爱的时髦色彩，即时尚颜色。它是一定时期，一定的社会政治、经济、文化、环境和人们心理活动等因素的综合产物。流行色是一种趋向和走向，其特点是流行快而周期短。流行色是相对常用色而言的，常用色有时上升为流行色，流行色经人们使用后会成为常用色，它有一个循环的周期。

目前国际和地区之间的交流频繁，流行色的覆盖层面越发广阔，对设计的影响力亦逐步加强，对灯饰的创作时也可以考虑流行色的影响和变化。例如，2013 ~ 2014 年流行的动物纹元素配色，设计师 citylux 把这种流行趋势运用到灯饰创作上，如图 6-46 和图 6-47 所示。2015 年开始流行的马卡龙色被很多设计者运用到灯饰设计上并创作出很多经典，如图 6-48 和图 6-49 所示。

▲图 6-48

▲图 6-50

▲图 6-49

▲图 6-51

五、风格性创意

灯饰色彩的运用对灯饰风格的表现有重要的作用，灯饰创意过程中在确定设计风格的前提下，可以选择恰当的色彩搭配凸显风格。简欧风格的灯饰多以象牙白为主能够，以浅色为主深色为辅；田园风格灯饰则绿色为基本色调，烘托自然的氛围，如图 6-50 所示；地中海风格在色彩上，以蓝色、白色、黄色为主色调，看起来明亮悦目，如图 6-51 所示；而现代简约灯饰则高纯度、高对比度色彩或简单纯净色彩；而新中式风格灯饰则以黑、白、灰为基本色调，局部色彩配以红黄蓝绿；和式风格则崇尚材料本身的色泽，再以镀铜或金加以搭配，体现出人与自然的融合。

7 第七章 灯饰设计案例欣赏

第一节　致敬经典

一、盖勒艺术灯饰

19 世纪末，20 世纪初在欧洲和美国发生了一次影响面相当大的装饰艺术运动，完全走自然风格，强调自然中部存在直线，强调自然设计中没有完全的平面，在装饰上突出表现曲线、有机形态，而装饰的动机来源于自然形态。

新艺术时期的设计师盖勒，大胆地探索了与材料相应的各种装饰，构成了一系列流畅和不对称的新艺术造型以及色彩丰富的表面装饰。图 7-1 所示的整个灯饰是一朵连着花藤绽放的花朵，光源隐匿在花朵之中，整个灯饰充满了生气。

▲图 7-1

二、PH灯

1.PH5/50 吊灯

PH5/50 吊灯产品设计的弧面造型，选用不透明金属材质，三层灯罩避免灯泡的直接照明和对人眼的刺激，每一层的折射使光线趋向柔和，同时扩大了照明范围，让整个光线均匀地分布在室内。并且每层灯罩之间的距离经过精确地计算和研究，避免了照明方向受光物体和周围环境光的反差。玻璃灯罩上带有浅浅的磨砂效果，使发出来的光线至少经过一次反射才能直射出来，保证了照明范围，避免阴影清晰可见，使阴影处的色调归于柔和。这件灯具是科学与艺术的完美结合，其充分说明了学科各自发展的需要。对于以现代科技为依托的设计来说，其中的意义是显而易见。科学不仅极大地拓宽了设计师的视野和想象空间，也从本质上为设计的实现奠定了技术基础，如图 7-2 所示。

▲图 7-2

▲图 7-3

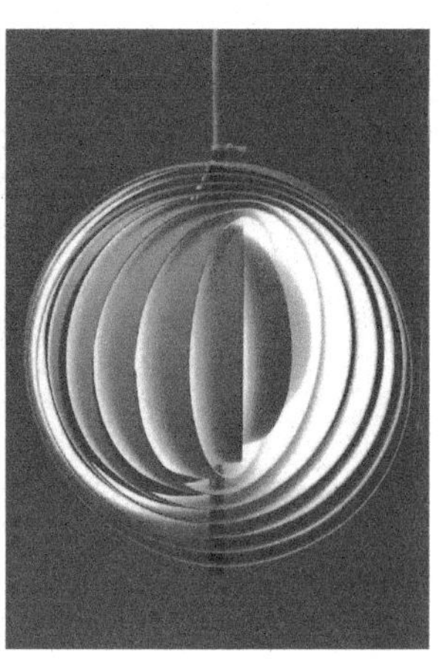

▲图 7-4

2.PH 松果吊灯

保尔·汉宁森于 1958 年设计的 PH 松果吊灯，是一件 360° 无眩光灯饰，共有 72 个叶片，其中盾构光源，重新导向，有着不同凡响的照明效果。其结构是由 12 个钢拱组成。由于每一行是交错的，这样的设计允许观看者无论从任何角度都不能看到光源中心。这些复杂的反光板围成一个松果形式，形成了漫反射、折射、直接照射三种不同的照明方式，并且灯影营造了很优美的氛围。一方面，从科学的角度，该设计使光线通过层累的灯罩形成了柔和均匀的效果（所有光线必须经过一次以上的反射才能达到工作面），从而有效地消除了一般灯饰所具有的阴影，并对白炽灯光谱进行了有意的补偿，以创造更适宜的光色。而且，灯罩的阻隔在客观上避免了光源眩光对眼睛的刺激。经过分散的光源缓解了与黑暗背景过度的方差，更有利于视觉的舒适。在这里，科学自觉地充当了诠释“以人为本”设计思想的渠道。另一方面，灯具优美典雅的造型设计，如流畅飘逸的线条，错综而简洁的变化，柔和而丰富的光色使整个设计洋溢出浓郁的艺术气息。同时，其造型设计适合于用经济的材料满足必要的功能，从而使他们有利于进行批量生产，如图 7-3 所示。

三、月球吊灯

潘顿的双手不但设计创造了许多奇妙有趣的家具，他所创作的灯饰也富于奇想的。月球吊灯是潘顿在 1960 年为 Louis Poulsen 设计的一盏遮光吊灯，这盏吊灯是由绑在悬挂绳索上的一组 10 个可调白色或乳白色的，采用铝或丙烯酸塑料制成的环形同心带构成，这些同心带围绕一个金属中心枢纽贯串起来，如图 7-4 所示。其独创性在于这些同心带可以围绕中心移动，从而调试出明亮到昏暗等不同的阴暗效果。月球吊灯在其叶片打开时，角度、位置和

▲图 7-5

疏密关系形成丰富的变化，再借助其灯光的照射以及在各个叶片之间的反射，形成富有韵味和韵律感的光影效果，如图 7-5 所示。

从名字与风格上来说，我们不难看出这款吊灯是属于太空时代的作品，吊灯外形上的环形带展开不同的角度，形成不同透光面积和不同程度光线的明暗变化，恰似月球在月食时，月球不同阶段阴晴圆缺的光影变化，如图 7-6 所示，潘顿所设计的吊灯的确是担得起“月球”的美名。而且其未来派的新颖外观和超前的设计样式也让所有产品设计的热爱者为之神魂颠倒，其幻觉抽象运动中环形带的多元重叠，无形中透出运动力与韵律美。事实上，潘顿的这款灯饰与意大利阿特米德公司生产的 Eclisse 台灯的设计有着异曲同工之妙，只不过是潘顿的月球吊灯更具有娱乐性，在随手拨动之间，光影随之而来的变化也改变着人们欣赏这盏吊灯的趣味，为平凡的生活空间增添景观般的格调。也许是北欧冬季变化莫测的光影为潘顿的设计提供了丰富的灵感，使得设计师具有对灯光、明暗、色调及变化的敏感触觉与高超的技巧把握。

▲图 7-6

四、VP 球形吊灯

1975 年，潘顿用有机玻璃设计了 VP 球形吊灯，灯饰造型是圆球形像气泡一样飘浮在空中，内部有上下两个金属圆盘作形态上的分割，打破了造型的单调，金属材质和玻璃材质形成强烈的对比，两种材质都属于光滑的，反光度极高，相互映衬，从功能上前盘式的造型阻挡了光源的直射，避免形成眩光补偿光色，两个实的前盘上下呼应，中部形成一个虚的空间，灵动、轻盈。透明的玻璃衬托出背景的色彩，如图 7-7 和图 7-8 所示。

▲图 7-7

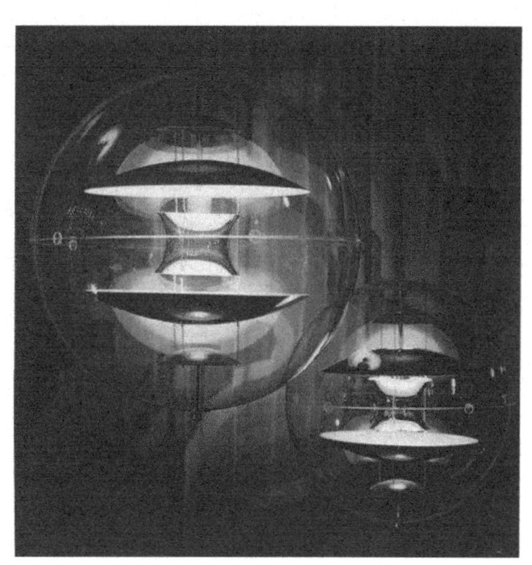

▲图 7-8

五、MT8 镀铬钢管台灯

出现在包豪斯魏玛时期（1919-1925 年）的 MT8 金属台灯，由当时在魏玛包豪斯学院学习的学徒华根菲尔德（Wilhelm Wagenfeld）和 Karl J. Jucker 共同设计，是包豪斯现代主义风格的代表作之一。这个台灯充分利用了材料的特性：乳白的透明玻璃灯罩，金属质地的支架，同时其几何造型零部件十分适用于大批量工业生产。这个现代主义风格的经典作品由包豪斯金属车间生产，在市场上十分成功，直到今天依然在生产，如图 7-9 和图 7-10 所示。

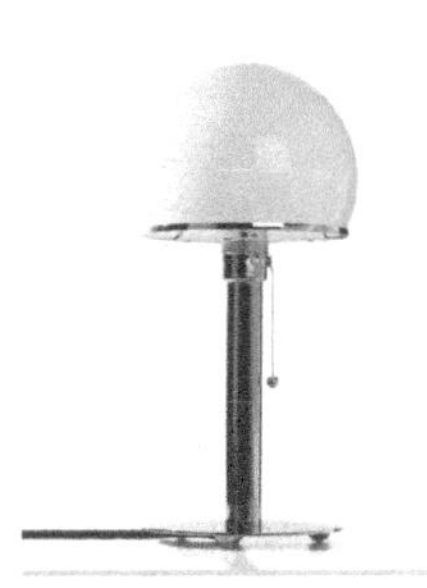

▲图 7-9

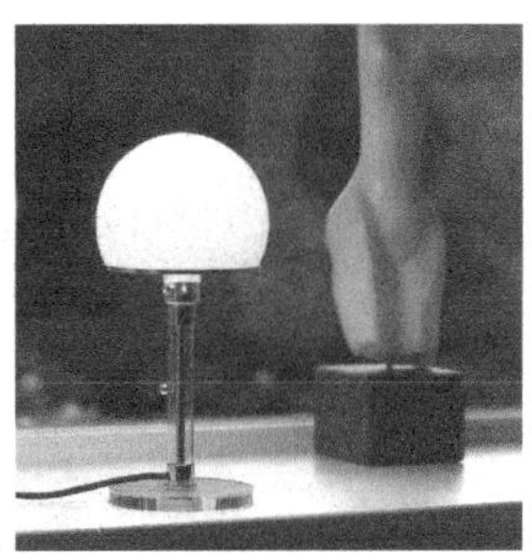

▲图 7-10

六、the Arco Lamp（艾科落地灯）

艾科落地灯如同卡斯迪里奥尼兄弟的其他设计一样，这个灯的构图元素也十分简单：一个平行六面、边角磨圆的西班牙大理石底座，由三条弓形扁管组成的不锈钢柱子，帽是头盔的不锈钢灯罩，上有许多的孔，以方便灯泡降温。毫无疑问，大理石、不锈钢的结合大胆而富有启发，雅致的弓形的柱子给了灯以原创性，此外就是它的效率。因为使用人对灯光的极大关注，设计师设想了一个穹形的反光灯罩，它不仅拥有三个不同的高度，而且可以在不同时间和高度下改变方向，获取不同的照明角度，如图 7-11 所示。

房间面积大了，照明总是天花板中间吊下来的吊灯，好多建筑在建造的时候就把吊灯装上了。事实上，在艾科灯以前，没有什么灯具可以作为起居空间的客厅中间照明的，传统的落地灯是小区域型的照明方式，难以照亮房间中间部位。艾科落地灯的异常大的弧形灯具让观者很动心，悬吊灯罩的金属悬臂的弧度非常大，即使把灯座放在房间一角，照明部分的灯罩也可以悬挂到房间中间，非常适合面积大的

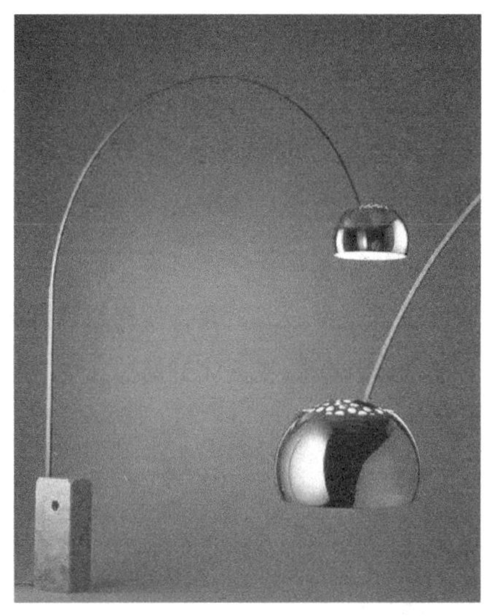

▲图 7-11

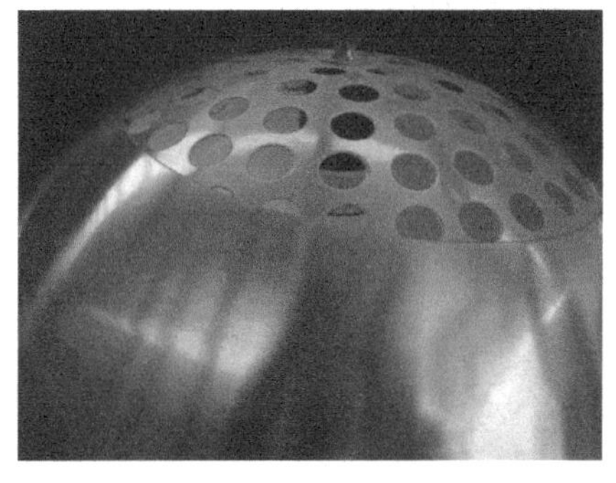

▲图 7-12

房间使用。艾科落地灯的高度是2.5米，灯的底座是一块长方形巨大的大理石，因此这个灯相当重，据说总重量达到65千克，非常稳。整个灯的设计是由三个部分构成：巨大的长方形大理石座、一个2.5米的长不锈钢弧形“脖子”、一个朝下照射的碗形的金属灯罩，而这个金属灯罩的上部有许多小孔，如图7-12所示，开灯的时候，光线穿越这些小孔照射到天花板上，形成一片星星点点的光斑。因此，一个灯罩有两种不同的照明方式：朝下的直接照明，朝上穿过小孔造成的气氛照明，灯饰的尺度也使得这种照明有奇特感。类似的灯饰绝无仅有，形式的夸张、照明的多样化，恐怕是这盏灯能够成为经典的主要原因了。

艾科落地灯的推出，开创了一条新的设计道路，与1960年代社会的总体反叛精神非常吻合，因此受到广泛的欢迎，特别是青年一代的欢迎。卡斯迪格里奥尼兄弟在设计上高度强调技术特征，在艾科落地灯上体现得淋漓尽致，金属弧形吊臂、金属灯罩和巨大的白色大理石的张扬，设计形式上的内敛，形成鲜明的对照，功能好，形式也突出技术浓度，这样使他们自己为自己的设计创造了一个特别的术语，叫做“技术功能主义（techno - functionalism）”。

七、Tizio台灯

如图7-13所示，设计师里查德·萨帕(Richard Sapper) 1972年设计的这款双臂台灯，不仅一度成为当时个人品位与地位的象征，直至今天它也仍然作为“意大利制造”的代表。整个台灯外观造型为金属线条的框架结构，上面部分主造型以线为主，下面部分造型以实体为主，造型有平衡感和雕塑感，灯光照射科学而柔和，在不同距离和不同亮度条件下，不管是桌子还是整个房间，它都能提供舒适的全部光线，如图7-14所示。

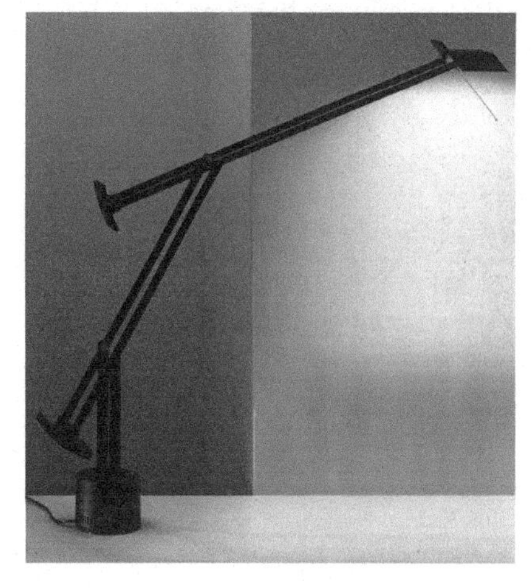

▲图7-13

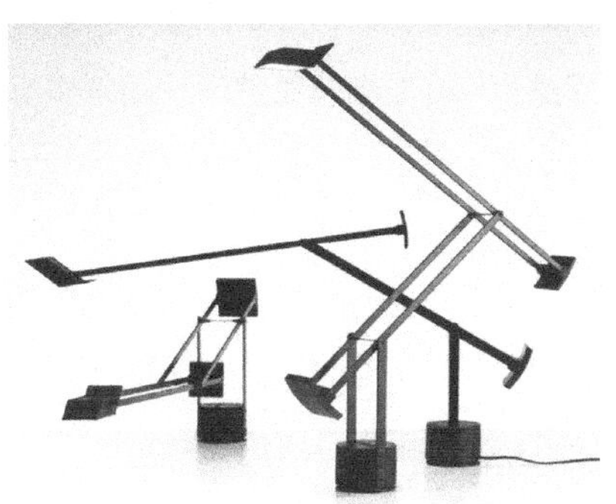

▲图7-14

八、月食台灯

一个小运动物体，在移动中改变性能。设计师维科·马吉斯特莱迪设计的Eclisse（月食）能够手工调节光线。它的想法来自矿灯，或者强盗的暗灯，就像在一些电影，例如《悲惨世界》中能看到的一样，那里的灯是一根蜡烛，带一个可开关的小门，设计师本人曾这样说过。灯的设计由简单、纯粹的几何形状构成：三个半圆，

▲图 7-15

▲图 7-16

其中一个是灯座，另一个是固定灯壳，第三个略小藏在灯壳里面，它通过一根中心轴转动，以此来调节光线，恰如月食。学者 V. 帕斯卡曾写道："马吉斯特莱迪设计的许多灯是抽象几何与照明效果的结合，它们的细节、关节和连接部位被隐藏起来，或不露声色。在形式极其简单的家用物品中，总体的构图平衡尤其重要。""月食"灯饰，如图 7-15 和图 7-16 所示。

第二节　研习精品

一、"衡"系列台灯

"衡"系列灯饰是 2016 年红点作品，灯饰打破了传统台灯的开启方式，木框里的小木球是台灯的开关，将放置在桌面的小木球往上抬，两个小木球相互吸引时会悬浮在空中，达到平衡状态时，灯光慢慢变亮。创新的交互方式给乏味的生活带来一丝乐趣。从灯饰造型上线面结合、虚实结合、大小结合，中上部主造型采用线框结构，大量运用弧线，视觉上的轻盈感，下部木质圆柱和立方体的基座实体原木块增加了造型的均衡感，重心稳定。中部的小圆球即是灯饰的开关，也是引领观者的视线的视觉的中心。木质材料让灯饰给人温暖、平和的感受，木纹的肌理丰富了视觉的层次。LED 光带隐藏在木框中，光源的放置形式巧妙，融入了整个造型，环状的照明亮度均匀，如图 7-17 至图 7-19 所示。

二、Veli灯

2012 年红点获奖作品，灯饰的灵感来源于电影《*The Seven Year Itch*》中玛丽莲·梦露的连衣裙被一列路过的火车吹起至膝盖的经典画面。整个灯饰造型体现流动的旋涡，慢慢地舒展开来，就像被风吹起的裙摆，造型极具

▲图 7-17

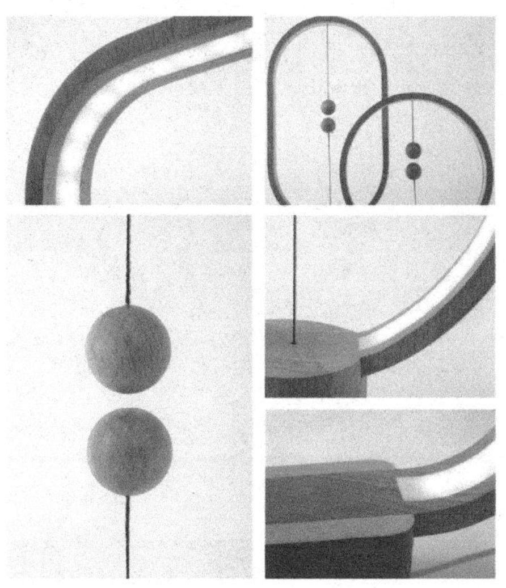

▲图 7-18

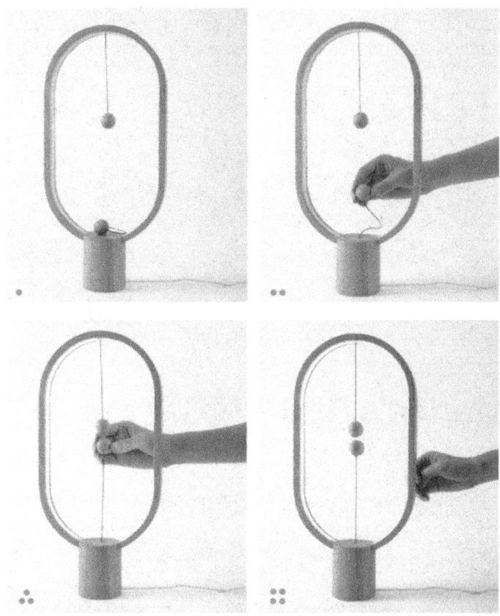

▲图 7-19

韵律感。选用的合成树脂材质也把织物的那种轻盈感塑造出来了。灯饰灵感的出现累积在对生活的用心感受，生活场景中不经意的一个瞬间就可以创造出个性化的灯饰，如图 7-20 和图 7-21 所示。

三、“旋”吊灯

品物流形设计工作室设计的“旋”吊灯利用竹子长纤维的特性，配以特种的竹进行制作，才能达到利于造型的极致细丝。“旋”，在生命的热流中绽放，旋舞，自由不羁。坚韧的外在下却又唯美的散发着温柔、优雅的情怀。灯饰利用传统的工艺在现代设计的运用和改进，对传统材料的创新，对传统工艺的解构，对传统的拯救，加入了现代化的参数化设计，和现代生活方式、状态的思考，如图 7-22 和图 7-23 所示。

▲图 7-20

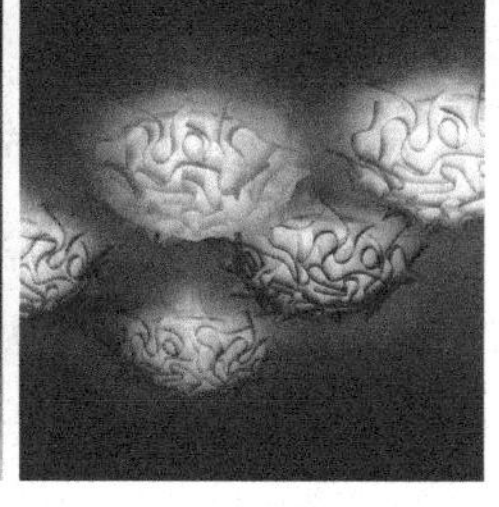

▲图 7-21

▲图 7-22

▲图 7-23

四、曲灯

日本设计师桥本夕纪夫使用天然彬木为基本材料，采用了高端的弯曲制造技术，自然材料与现代工艺结合做成LED灯，整体造型非常流畅，曲线框架，非对称结构，右下部金属材料和木质材料形成材质上的对比，面积小、反光度高，容易引起视觉的注意。点与线的运用打破整个圆环形式的单调，增加了趣味性，也使造型产生均衡之美。整个造型塑造了一个虚拟的空间感。从功能上来说，不锈钢管可以用来插花，拓展了灯饰的功能。从照明角度，上下光源的应用形成光源的呼应和补充如图7-24和图7-25所示。

▲图7-24

▲图7-25

▲图7-26

▲图7-27

五、Marina's Bird小鸟灯

小鸟灯饰来自白俄罗斯的设计工作室，将小鸟形态融入灯饰设计，灯饰造型仿生小鸟小小胖胖的身体，站立着就尽显其超级可爱。小鸟创意台灯设计是以木材和玻璃作为原始材料，用一种顽皮的姿态出现在房间的各个角落。这款灯饰可以单个放置，也可以集中造型，把几只“小鸟”组合到一起就变成一个新意十足的吊灯了，如图7-26和图7-27所示。

六、三宅一生（Issey Miyake）:In-ei灯

日本著名时装设计师三宅一生为意大利灯具品牌Artemide设计的“In-ei”灯具在2012年米兰设计周上展出，这是一款可折叠

的灯具，设计师运用了可持续的设计手法。这个设计的名称是从日语音译过来的，在日语中“In-ei”的意思是“阴影”“遮蔽”和“细微变化”的意思，而且这只灯具全部来用折叠布料制作，展开后就形成了一个大灯罩，通过层次间的变化形成有趣的光影效果。

九个灯具都是用特殊的织物材料制作，这些材料是使用回收的PET（Polyethylene terephthalate，聚对苯二甲酸类塑料）瓶制造的，经过创新的技术加工，这种材料能有效地节省能源，不仅如此，与新材料相比，使用回收的PET瓶可以将CO_2排放量降低到80%。这个设计用2D和3D的数学原理来确定灯罩形态和光影范围，如图7-28和图7-29所示。

▲图7-28

▲图7-29

七、重生灯

“重生”是来自中央美术学院2016届毕业生石国凤的毕业设计作品，她的灵感来自于作品的材料骨质瓷。骨质瓷是由食草动物的骨灰、粘土、长石和石英为基本材料组成，瓷土经过上千度的历练而成为坚硬而洁白的瓷器。石国凤喜欢伞状菌类，通过对菌类大量的材料研究，发现伞菌的生长与骨质瓷的烧制过程具有相似的含义，它们都拥有 “化腐朽为神奇”的力量，在经历了磨难之后重生，如图7-30所示。

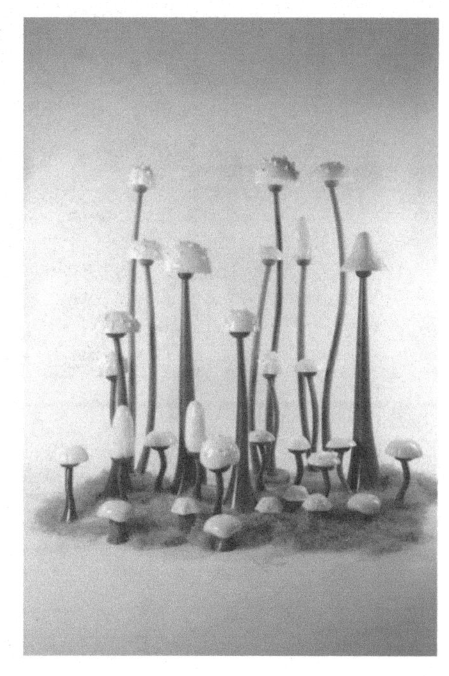

▲图7-30

八、Woven Glass玻璃纤维织物吊灯

玻璃作为灯饰材料是大家习以为常的，材质晶莹透亮的属性为其造型提供了特殊的视觉效果，然而编织的纹理大家也并不陌生，生活中常见的竹编、线编各种各样。这款灯饰的创意之处在于把二者结合起来，突破以往玻璃器皿的造型，采用玻璃的编织形式，色彩配色协调，不同阶调的玻璃内在的光和色闪耀、虚幻的气质给人亦幻亦真的感受，如图7-31和图7-32所示。

九、Foscarini玻璃灯饰

Foscarini是意大利高端的灯饰品牌，擅长于把玻璃工艺运用于现代灯饰设计。该灯饰造型主体为有机的玻璃曲面叠加，每一层曲面都有优美的边缘曲线，每层各不相同，利用玻璃材质叠加表现光影美感，从深到浅层数的渐

▲图 7-31

▲图 7-32

▲图 7-34

▲图 7-33

▲图 7-35

变创造了光的情感表达，意境深远，如图 7-33 所示。

十、Plafonnier Birdie's Nest灯饰

有光之诗人美誉之称的德国灯具设计师 Ingo Maurer，他设计的灯饰利用了光源、金属、羽毛等元素创作，造型新颖奇特，曲线与点的结合律动性极强。灯饰创作除了光、气氛、形态，还有其他的技术、思维以及隐喻的议题性，把理性科技与感性诠释富含实验性与挑战性如图 7-34 和图 7-35 所示。

十一、Wire Flow系列灯

Wire Flow 吊灯系列探索了几何形元素在二维和三维空间的运用表达，这些灯饰由简单的配件组成，从一些特定的角度看，它们就像扁平的图形或是一条条悬挂在空中的线条。这个系列是由 arik levy 设计的，设计师选用纤细的金属杆，并在端头安装 LED 照明灯，延续了灯具流动的线性特征。灯饰设计反映了存在与缺失、透明与发光、灯光与流动性的概念，如图 7-36、图 7-37 所示。

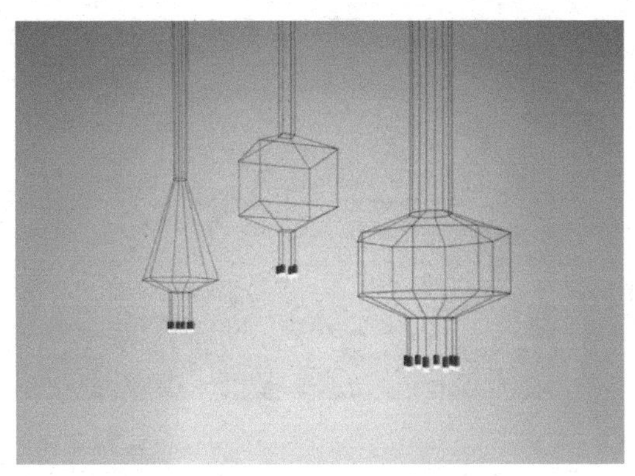

▲图 7-36

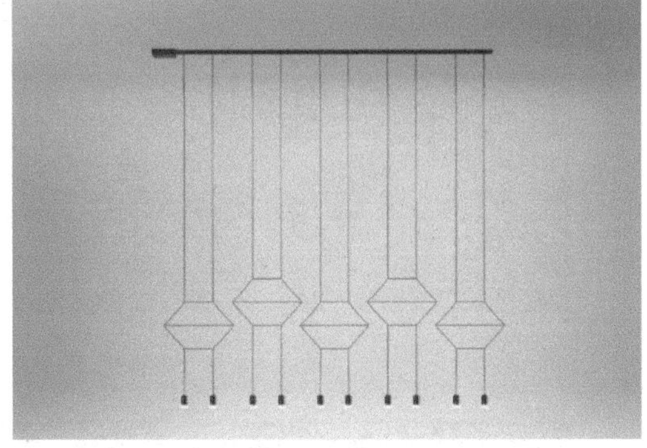

▲图 7-37

十二、“空中花园”吊灯

“空中花园”（skygarden pendant ）由设计师马谢·汪德斯设计，据说他设计这盏灯的构思是因为儿童时家里的屋顶是装饰了花纹图案的天花板，晚上在灯光下好像梦一样，长大之后念念不忘，从而设计了这个产品。对他来说，就是一个“完梦”之作。远远看去，造型简单，并没有注意，但是近看，这个灯罩里面用漫反射的方式，把灯罩里的花卉图案发散下来，因此，在这盏灯下，不但有足够的光，并且还有一层若隐若现的维多利亚花卉图案纹样，好像漂浮在新古典、Art Nouveau 的氛围中，用一个很简单的灯罩达到直射、衍射两种效果本来多见，但是同时还能够营造气氛和联想，让人很喜欢。如图 7-38 和图 7-39 所示。

“空中花园”吊灯，半圆形的灯罩内布满了花卉图案，因此投影出来的灯光就是一片花影，非常浪漫。灯罩外部色彩有黑色、青铜色、金色，里面带图案的反射板有两个不同的尺寸，小的是 11.8 英寸 ×23.6 英寸，大的是 17.7 英寸 ×35.4 英寸，可以根据自己的需要而定。

▲图 7-38

▲图 7-39

第三节　主题欣赏

一、蒲公英系列

大自然一直是设计师的灵感来源，形态多样的植物也给了设计师许多借鉴。蒲公英是我们儿时十分喜爱的植物，轻柔的种子能随着微风漂浮。灯饰设计师以蒲公英为灵感创作出许多有特色的灯饰。荷兰设计师 Richard Hutten 设计的 Moooi 蒲公英吊灯至今仍然是国际灯具市场的畅销产品。灯饰主要表现出菊科植物头状花絮聚集的状态，如图 7-40 所示。设计师 Sunghwa Jang 则主要表现单个蒲公英花絮的轻盈感，如图 7-41 所示。图 7-42 至图 7-44，则把真正的蒲公英作为灯饰创作的元素，利用新科技把完整的蒲公英形态放置在灯饰里，和

▲图 7-40

▲图 7-42

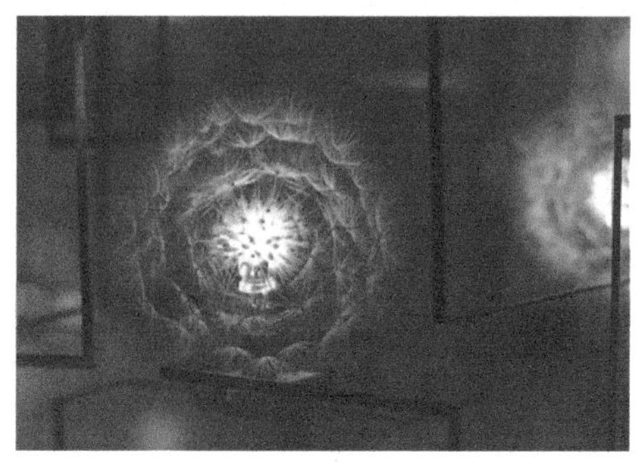

▲图 7-43

有机玻璃的结合，和金属框架的结合，生态材质和工业材质的碰撞，具有强烈的视觉冲突。图 7-45 所示的灯饰中心柔软的材质犹如一朵蒲公英，但是身上却插满了亚克力管，看似不太和谐的组合，却在灯光开启后大放异彩。入夜后点亮蒲公英灯，灯饰中心散发出朦朦胧胧的光线，呈现出一片虚幻的光景。然而由灯饰内部延伸出的亚克力管，将中心光源的光线直接传递出来，形成一个个明亮的光圈。虚实结

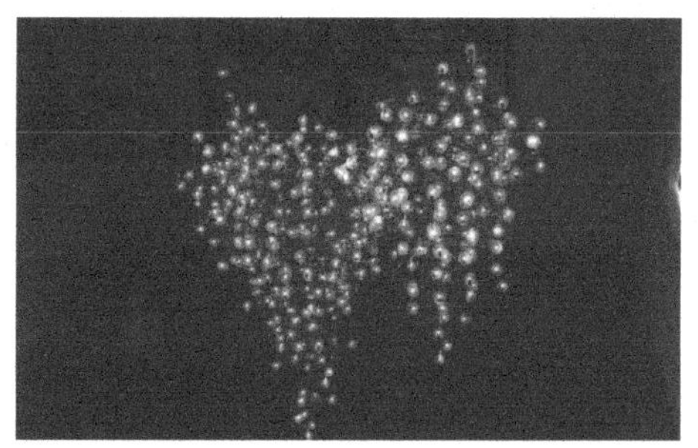

▲图 7-44

▲图 7-41

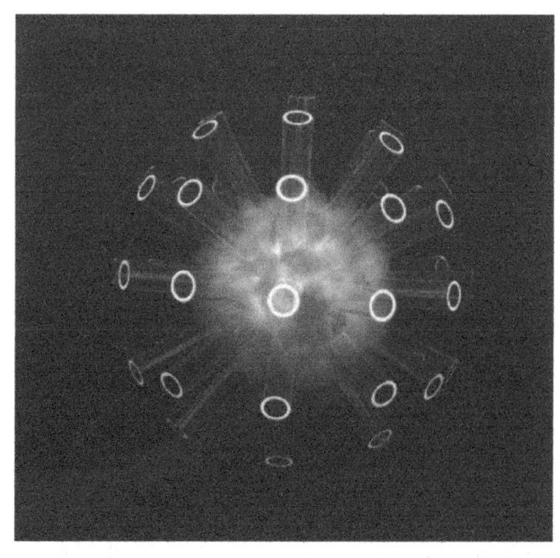

▲图 7-45

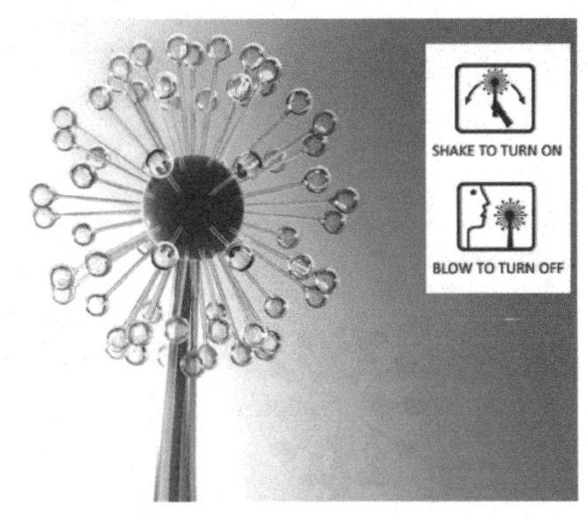

▲图 7-46

▲图 7-47

合的光线展现，让蒲公英灯展现出独特的韵味。图 7-46 和图 7-47 则抓住了蒲公英的轻盈感，塑造了一个动态过程，当风吹动蒲公英的时候是逐次变亮的效果。

二、蜂巢系列

蜂巢结构也是灯饰设计师喜欢运用的素材。图 7-48 为 kouichi okamoto 作品，剪纸拉花的形式，抽象地表现出蜂巢密集的框架。图 7-49 和图 7-50 则主要体现几何体聚集的韵律美构图。图 7-51 为新西兰设计师 Rebecca Asquith 的系列吊灯作品。外形酷似蜂巢，灯罩采用了轻质伸缩尼龙（polyester）材料黏合而成，灯光透过这蜂巢给人以温暖舒心的感觉，像极了春天带给人的绵绵惬意。图 7-52 和图 7-53 所示的灯饰重点突出蜂巢的正六边形，比例协调，具有几何结构之美。

▲图 7-48

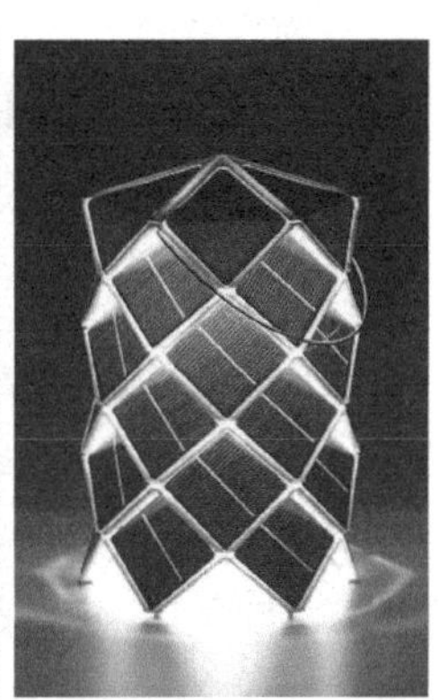

▲图 7-49

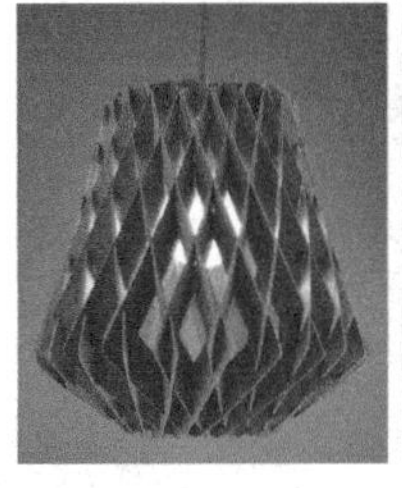

▲图 7-50

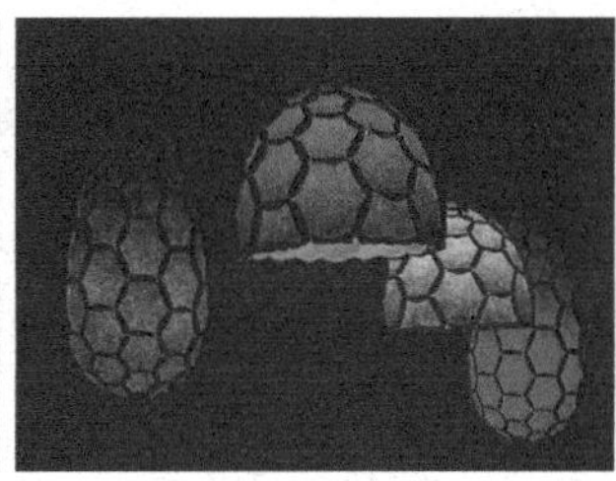

▲图 7-51

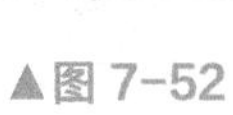

▲图 7-52

▲图 7-53

第八章 灯饰设计实训练习

实训一：认识光源——灯泡的创意设计

设计内容：到灯具市场了解光源类型及种类，并采购光源类型（灯泡、灯管、灯带、LED 等）。利用购买的光源种类进行创意设计。

设计要求：① 必须利用光源的照明功能。

② 必须在灯饰的创意中体现光源的造型特色，把光源造型作为灯饰整体造型的一部分。

学生经过调查，创意的灯饰作品如图 8-1 至图 8-8 所示。

▲图 8-1　枯之光（学生作品）

▲图 8-2　理性（学生作品）

▲图 8-3 灯扇（学生作品）

▲图 8-4 小黄人（学生作品）

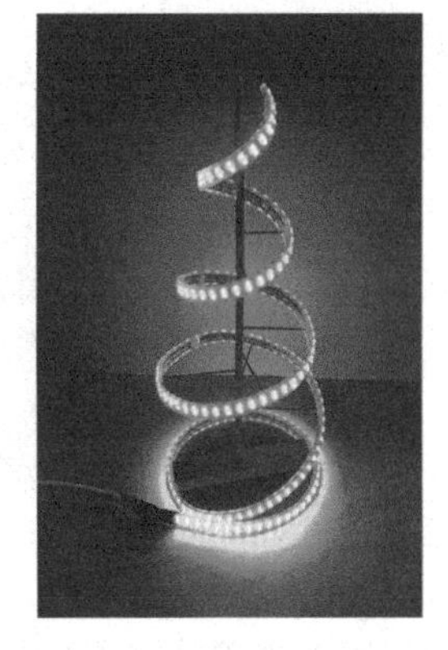

▲图 8-5 希望之光（学生作品）

▲图 8-6 圣诞（学生作品）

▲图 8-7 森林之源（学生作品）

▲图 8-8 竹菱（学生作品）

实训二：材质表达——生态材质灯饰设计

设计内容：了解生态材料的种类，材料特性，选择一到两种生态材料为主材料进行灯饰设计创意，灯饰设计中注意体现材质的特性和肌理。

设计要求：① 所选材料必须绿色、环保，不会给自然环境带来负担，易于加工成型。

② 灯饰创作时注意材质和光源的呼应，生态材质为主，主材种类不宜过多。

③ 灯饰创作时注意挖掘材质肌理的多面性，展示同种材质的不同面。

学生采用生态材质制作的灯饰如图 8-9 至图 8-24 所示。

▲图 8-9　纸灯：自然（学生作品）

▲图 8-10　纸灯：缤纷（学生作品）

▲图 8-11　纸灯：绕梦精灵（学生作品）

▲图 8-12　纸灯：生活几何（学生作品）

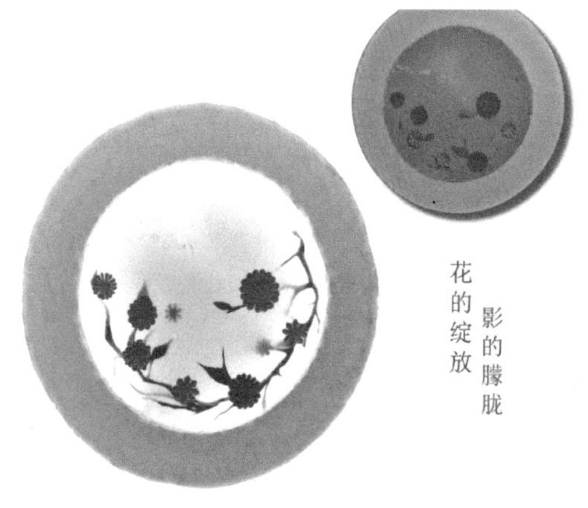

▲图 8-13　纸灯：花与影（学生作品）

▲图 8-14　纸灯：菇（学生作品）

▲图 8-15 纸灯：昙花（学生作品）

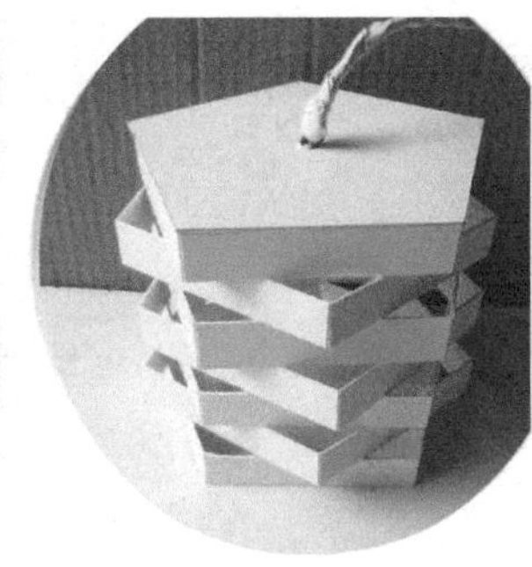

▲图 8-16 纸灯：蜂巢（学生作品）

▲图 8-17 纸灯：昙花（学生作品）

▲图 8-18 竹灯：平衡（学生作品）

▲图 8-19 竹灯：竹趣（学生作品）

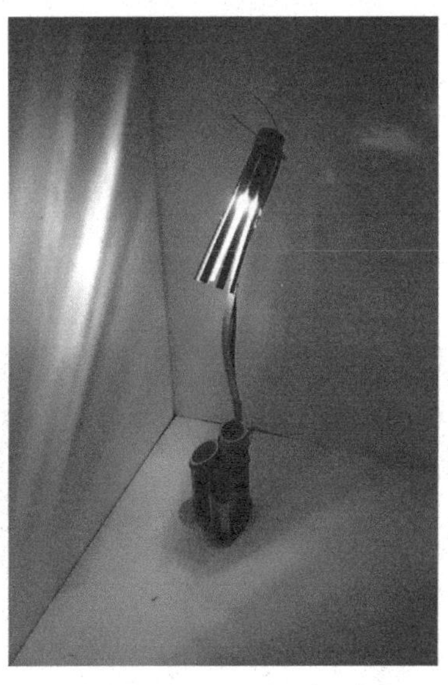

▲图 8-20 竹灯：竹韵（学生作品）

▲图 8-21 竹灯：竹筷风情（学生作品）

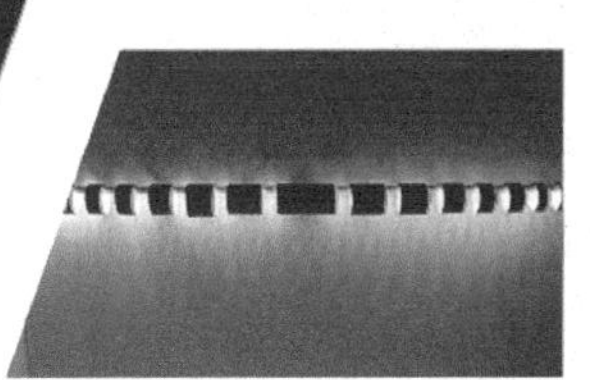

▲图 8-22 竹灯：竹锥（学生作品）

▲图 8-23 麻绳灯：初心（学生作品）

▲图 8-24 枯木：勿忘（学生作品）

实训三：造型表达——植物造型灯饰创作

设计内容：学习掌握灯饰造型设计创意方法，从植物形态中找寻设计素材、灵感，任选一个植物进行观察、归纳，提取造型特征要素进行灯饰创作。

设计要求：① 灯饰创作时不要具象模仿植物造型，要抓住植物特征要素归纳、提炼、简化，利于灯饰产品加工、生产。

② 尽可能多角度的观察选择植物的不同角度、不同状态，从中找到适合创作的构思。

③ 灯饰创作时注意与光源匹配，体现灯饰特点。

学生观察植物后从不同角度设计的灯饰作品如图 8-25 至图 8-29 所示。

▲图 8-25　绽放（学生作品）

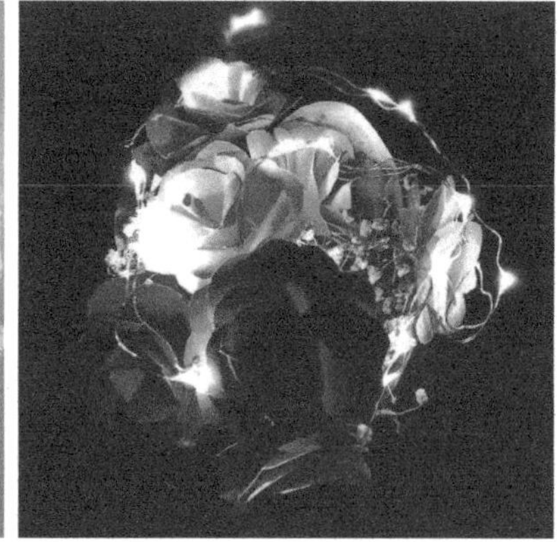

▲图 8-26　花与爱丽丝（学生作品）

▲图 8-27　微笑（学生作品）

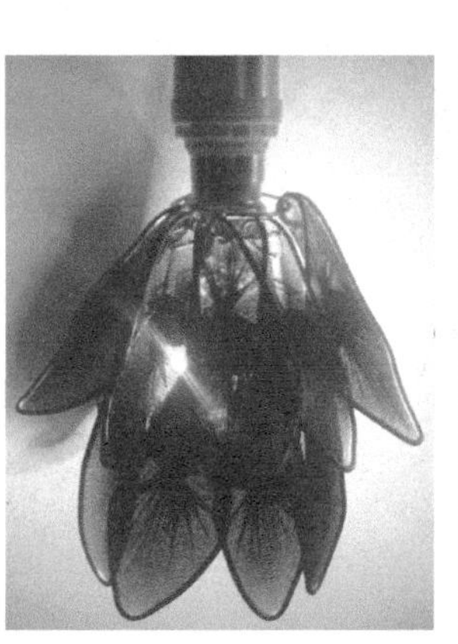

▲图 8-28　魅（学生作品）

▲图 8-29　飘飞（学生作品）

实训四：色彩表达——灯饰的配色创作

设计内容：学习掌握灯饰的配色方法，把握当前流行趋势，运用与灯饰创作。

设计要求：① 材质不限，注意色彩搭配协调，能体现灯饰风格。

② 灯饰创作时注意材料色和光色的运用。

学生运用色彩搭配创作的灯饰作品如图 8-30 至图 8-35 所示。

▲图 8-30 五彩缤纷（学生作品）

▲图 8-31 一脉相承（学生作品）

▲图 8-32 New Love（学生作品）

▲图 8-33 彩色屋顶（学生作品）

▲图 8-34 彩球（学生作品）

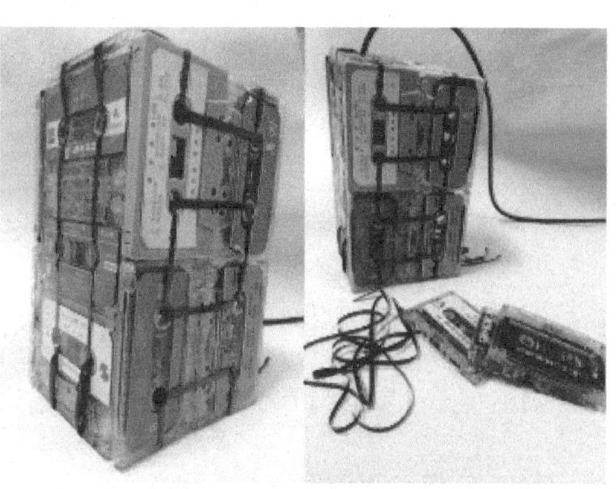

▲图 8-35 1898（学生作品）

参考文献 References

[1] 艾红华，江滨．设计大师及代表作品评析（上、下）．北京：中国建筑工业出版社，2013.

[2] 裴俊超．灯具与环境照明设计．西安：西安交通大学出版社，2011.

[3] 杜异．照明系统设计．北京：中国建筑工业出版社，2013.

[4] 马卫星译．照明设计终极指南．武汉：华中科技大学出版社，2015.

[5] 徐清涛．灯饰设计．北京：高等教育出版社，2010.

[6] 黄海．现代灯饰设计．石家庄：河北人民出版社，2012.

[7] 伍斌．灯具设计．北京：北京大学出版社，2016.

[8] 夏进军．产品形态设计—设计·形态·心理．北京：北京理工大学出版社，2012.

[9] 袁涛．工业产品造型设计．北京：北京大学出版社，2011.

[10] 尹欢．产品色彩设计与分析．北京：国防工业出版社，2015.

[11] 杨松．产品色彩设计．南京：东南大学出版社，2014.

[12] 张宝华，胡俊涛．设计色彩．北京：中国建筑工业出版社，2011.

[13] 张宗登，刘文金，张红颖．材料的设计表现力．安徽：合肥工业大学出版社，2011.

[14] 江湘云．设计材料及加工工艺．北京：北京理工大学出版社，2010.

[15] 曹详哲．室内陈设设计．北京：人民邮电出版社，2015.

[16]［美］诺曼 著．设计心理学 3：情感化设计何笑梅，欧秋杏译．北京：中信出版社，2015.

[17] 李帅．家用灯具的设计研究．山东：齐鲁工业大学，2015.

[18] 张春．室内设计中灯饰艺术表现语言研究．江苏：苏州大学，2013.

[19] 肖萍．现代居室灯具设计研究．湖南：湖南大学，2013.

[20] 边文婷．基于光构成理念的家具灯具设计研究．湖南：中南林业科技大学，2014.